U0224623

水利水电设施损毁与应急救援侦测技术研究与应用

中国安能一局南宁分公司　编著

中国水利水电出版社
www.waterpub.com.cn
·北京·

内 容 提 要

本书以水利水电设施损毁成因及其类型和应急救援侦测的任务分析、侦测的方法、侦测准备和侦测实施为主线，在系统分析应急救援侦测内涵、发展历程、一般过程、现状和作用的基础上，分别就水利水电设施险情产生的原因及其应急救援的侦测任务进行了分析总结，并就侦测方法、侦测准备、侦测实施和侦测作业中的安全防护进行了详细阐述，对今后侦测工作的组织与开展具有一定的指导作用。

本书可供从事水利水电设施损毁与应急救援侦测工作的技术人员参考，也可供高等院校相关专业师生阅读。

图书在版编目（CIP）数据

水利水电设施损毁与应急救援侦测技术研究与应用 / 中国安能一局南宁分公司编著. -- 北京 : 中国水利水电出版社，2022.5
ISBN 978-7-5226-0719-1

Ⅰ. ①水… Ⅱ. ①中… Ⅲ. ①水利工程－工程设施－安全管理 Ⅳ. ①TV698.1

中国版本图书馆CIP数据核字（2022）第088458号

书　　名	**水利水电设施损毁与应急救援侦测技术研究与应用** SHUILI SHUIDIAN SHESHI SUNHUI YU YINGJI JIUYUAN ZHENCE JISHU YANJIU YU YINGYONG	
作　　者	中国安能一局南宁分公司　编著	
出版发行	中国水利水电出版社 （北京市海淀区玉渊潭南路1号D座　100038） 网址：www.waterpub.com.cn E - mail：sales@mwr.gov.cn 电话：（010）68545888（营销中心）	
经　　售	北京科水图书销售有限公司 电话：（010）68545874、63202643 全国各地新华书店和相关出版物销售网点	
排　　版	中国水利水电出版社微机排版中心	
印　　刷	清淞永业（天津）印刷有限公司	
规　　格	170mm×240mm　16开本　12印张　235千字	
版　　次	2022年5月第1版　2022年5月第1次印刷	
印　　数	0001—1000册	
定　　价	**80.00元**	

编写委员会

主　　任：赵玉鄂

副 主 任：余元强　黎根兴　王　凯　康进辉　易志高

委　　员：周　磊　江永龙　何建明　钟柏松　张　磊

主　　编：康进辉

副 主 编：周　磊　江永龙　何建明

参编人员：钟柏松　张　磊　赵德任　王　征　何　娟
　　　　　熊　帅　黄森宁　夏家明　杨振华　张一舟

20世纪以来，我国的自然灾害呈现多发的态势，其造成的严重后果备受社会关注，一直都是社会热点话题，成了当今影响社会稳定的主要因素之一。如何快速高效地开展应急救援，避免或减轻灾害影响，关乎社会民生，不容忽视。

本书旨在着眼遂行多样化应急救援任务需要（以自然灾害引起水利水电设施损毁救援为主），深入分析目前水利水电设施险情的应急救援侦测技术和方法以及侦测工作现状，探讨制约当前侦测工作发展的瓶颈问题，探索今后建设重点目标方向和方法步骤，为构建人员齐全、装备精良、技术先进、反应迅捷的现代化应急救援侦测队伍提供理论支撑。全书以水利水电设施的险情类别和应急救援侦测的任务分析、侦测的方法、侦测准备和侦测实施为主线。在系统分析应急救援侦测内涵、发展历程、一般过程、现状和作用的基础上，分别就水利水电设施险情产生的原因及其应急救援的侦测任务进行了分析总结，并就侦测方法、侦测准备、侦测实施进行了详细阐述，对今后侦测工作的组织与开展具有一定的指导作用。不仅弥补了我国目前在应急救援侦测中的文献空白，还能提高救援队伍的救援能力，起到促进救援力量生成、提高救援效率的作用。

在本书的编写过程中，原武警水电部队、中国水利水电科学研究院给予了大力支持，就本书的定题、定稿与书稿编写提出了大量宝贵意见和建议。此外，本书还参考了很多文献，其中部分图片来源于网络，特此申明，如有侵权请联系924850168@qq.com。在此，我们一并谨向以上单位、个人和相关作者表示衷心的感谢，致以崇高的敬意。

由于资料有限、编写时间紧迫，加之编者水平有限，书中难免存在疏漏之处，恳请读者批评指正。

编者

2022 年 3 月

目 录

第1章
概　述

　　我国水利水电设施众多，已建成水库9万多座，是世界上拥有水库最多的国家之一，并拥有漫长的堤防，为数众多的变电站、输电线路等设施。这些水利水电设施或因历史原因，存在安全隐患；或易遭受自然灾害影响，造成损毁。

　　全面系统提高应急救援能力建设，是救援队伍当前和今后一段时期工作的重点。从已完成应急任务来看，应急救援是一项调动大量资源、快速高效应对的非战争军事行动，在行动前、行动中、行动后需要大量信息支撑。侦测工作作为信息获取的直接和主要手段，贯穿于水电遂行应急救援任务的全过程，是应急救援行动的重要组成部分，是确保救援任务顺利完成的重要保障。通过对应急救援侦测工作的研究，科学系统分析应急救援侦测工作特点规律，掌握基于信息化、智能化等技术的侦测技术手段，提高应急救援信息多元化和任务多样化环境下的侦测能力，规范侦测工作，可为胜利完成应急救援任务提供强有力的信息保障。

1.1　基本概念

1.1.1　应急救援

1.1.1.1　应急救援的定义

　　应急，从字面上来看，就是指对突然发生的事件而采取的紧急应对。应急的目标主要有三个：①预警预防事故；②控制事故、事件发展，保障生命财产安全；③恢复正常状态。

　　救援，是指个人或人们在遭遇灾难或其他非常情况（含自然灾害、意外事故、突发危险事件等）时，获得实施解救行动的整个过程。

　　从处置对象上看，应急救援不同于其他的救援行动，它主要适用于执行应急性质较强的抢险与救灾任务，例如抢救受灾害或受威胁的人员，尽快使更多的人员脱险；抢修受灾害破坏或威胁的重要工程设施，尽可能减少灾害损失；

抢运救灾物资；协助灾区解决灾民衣、食、住、行、就医等临时生活需要；进行医疗救护和卫生防疫；维护社会治安，保卫重要目标等。它不适用于执行平常性、非紧急性、长期的灾害救助活动。所以，应急救援的"急"包含有三层含义：①发生急，即事件发生的突然性；②后果急，即事件后果的严重性；③处理急，即处理时间的紧迫性。

从组织管理上看，应急救援包括整个国家用于应对重大安全威胁的一切工作的总和，也包括各社会组织中各行业应对灾难事件的实践活动。宏观上讲，应急救援是一项涉及国家安全和人民生命财产安全的重要行动。

国防大学出版社出版的《应急救援学》一书中对应急救援给出了科学、准确的定义：应急救援就是在和平时期针对潜在的重大安全威胁和突然发生的各类灾难事件，在国家统一的组织和协调下，共同抵御风险与实施紧急救助的行动，它是一项涉及党、政、军、民，跨部门、跨领域的系统工程。

自 2008 年以来，非战争军事行动，成为国家军事力量运用的重要方式。水电部队遂行应急救援任务，是非战争军事行动的具体体现，属于军事行动的范畴。

1.1.1.2　应急救援的特点

应急救援对象和救援本身的特殊性决定了应急救援的特点。其对象多样，发生突然，应急救援本身又是一项系统工程，不同于一般的常规的行动，面对的各类安全威胁和灾难事件性质特殊。同时，应急救援需要多种力量共同参与，其行动过程社会关注度高，这些因素决定了应急救援具有以下主要特点：

（1）紧迫性。如前所述，应急救援的紧急性体现在三个方面。重大安全威胁和灾难事件来得快，造成后果严重，处理要求急，无不体现出应急救援的紧急性。重大安全威胁和灾难事件的特点和属性决定了应急救援的紧迫性特点。重大威胁和灾难事件到来一般瞬息即至，过程紧促，发展演变快，或造成新的潜在威胁，或形成破坏结果，或有进一步发展演变恶化的趋势。另外，应急救援行动直接关系社会稳定、人民生命财产安全，涉及政府形象和国家的声誉，如处理不及时，可能造成社会动荡，人民生命财产受损，政府形象受损，国家声誉下降。因此，做出正确快速的反应是应急救援的关键。

各类灾害的发生往往都是突然的，这为应急救援带来了极大的难度。有些灾害（例如山洪、地震等自然现象）虽然其后果难以估计、也无法完全避免，但是这些自然灾害并不是不可预测。如果技术和设备投入足够，预测较为准确，救援的措施也就更加充分，很多损失是完全可以减轻或者避免的。从灾害发生的过程来看，无论是突发性灾害还是缓发性灾害，其成灾强度随着时间都是由弱到强的过程。应急救援行动必须尽早地在灾害强度比较弱的时候加以行动，人为干预灾害后果，就可以最大程度地降低灾害对社会的影响。

（2）多样性。根据国务院发布的《国家突发公共事件总体应急预案》，按照突发公共事件的发生过程、性质和机理的不同，将其分为自然灾害、事故灾难、公共卫生事件与社会安全事件四类。那么，应急救援的类别也有相对应的自然灾害救援、事故灾难救援、公共卫生事件救援和社会安全事件救援，而其中每项救援类别包含有若干子类别的救援行动，每项救援行动又涵括多个救援内容。例如自然灾害的救援，可以分为气象灾害应急救援、地震灾害应急救援、水旱灾害应急救援和海洋应急救援等，其中气象灾害应急救援又包括冰雪、大雾、暴风等子类别的灾害应急救援，每个子类应急救援还可分为人员、设施等方面的救援内容。由此可见，应急救援具有多样性的鲜明特点。

为确保完成应急救援任务，针对不同救援类型进行不同的准备，制定不同的救援预案，是目前应急救援的一个重点。在应急救援中，不同的救援类型对救援有着不同的要求，这就要求将不同的救援力量进行按需分配，整合救援力量，形成最终有效的救援合力。但是由于各类灾害事件的类型不同，各救援力量在不同的灾害救援事件中所担负的任务也有所不同。即使是在同类型的救援中，由于地理环境、社会环境和作业条件等的差别，其任务也有所区别，这些都极大地增加了救援的难度。

（3）复杂性。应急救援的紧急性特点对救援行动提出了更高要求，客观上增加了救援的复杂性，需要在有限的时间内对事件进行较为全面的掌握、对其发展态势做出科学判断，需要结合各种错综复杂的因素制订出处置方案。救援任务类别的多样性特点也决定了应急救援是一项复杂的工作。同时，救援所处地域地理环境、气候环境和作业条件复杂多变，直接决定了应急救援的复杂性。一方面，在实际当中，往往不可能完全按照应急预案完成应急救援任务，必须时刻根据现地环境、作业条件以及灾情发展情况等来决定和调整下一步行动，救援行动处于不断获取信息、根据信息做出反应的动态调整变化当中；另一方面，随着全球化时代的到来，各类安全威胁不再只是局部的、区域的。当今随着科学技术的进步和世界经济全球化进程的进一步加快，人与人之间、地区与地区之间、国与国之间的联系越来越紧密，整个社会，乃至整个世界已逐渐成为一个有机的整体，使得灾害会很快地扩散出去，这就要求必须及时有效采取救援，防止灾难扩散。此外，现今的新闻报道技术较以往有了天翻地覆的变化，几乎每人每刻都可以接收到最新的新闻消息。应急救援在社会上的关注度得到了前所未有的提高，应急救援处置不再只是简单的救援行动，成为全社会甚至是世界性的关注焦点，处在"聚光灯"下。如果处置不当，除了造成损失，情况失控，更可能演变为重大社会事件，这些变化无疑给应急救援带来了一定的负担和压力，客观上也增加了应急救援的复杂性。

1.1.2 应急救援侦测

1.1.2.1 应急救援侦测的定义

"侦测"一词，最早来源于战略导弹部队的情报保障活动，是指利用现代科学技术手段和先进的仪器设备进行情报侦察与收集，达到为战略导弹部队作战服务的目的，"侦测"是战略导弹部队情报保障的主要方式，具有很强的军事属性。随着科学技术的进步，侦测被广泛地应用于各类研究与应用中。从字面上看，它包含两层意思：①检查、查看，即"侦查"；②检测、监测和测量。既包含定性的侦查活动，也有定量的测量、监测内容。因此，侦测就是利用一切技术和设备，对所需信息通过侦查、测量、监测进行获取，进而传输、处理，最终达到取得情报信息的过程。

应急救援侦测特指为了满足应急救援任务需要，在应急救援前和救援过程中利用各种平台、装备和技术手段，对与应急救援活动相关的信息进行获取、传输、处理。应急救援侦测活动对应急救援相关信息进行不间断的收集、侦查、采集、监测，获取有用信息，经过计算与分析后，为应急救援行动提供信息服务。通过应急救援侦测活动，在事故、事件发生前进行一定的信息预储备，在救援过程中对事故、事件的现状有较为全面的掌握，对其发展趋势进行科学研判，为制订应急救援方案提供强有力的信息支撑，从而科学有效地指导应急救援各项工作的开展，真正让应急救援行动做到"知己知彼，百战不殆"。

1.1.2.2 应急救援侦测的特点

应急救援侦测活动直接服务于应急救援行动，是应急救援行动的重要组成部分。应急救援行动的紧迫性、多样性、复杂性特点，决定了侦测活动具有侦测内容多样，信息时效性、准确性要求高，信息传输、处理要求高，社会关联性高等特点。

（1）侦测内容多样。应急救援是一项复杂的系统化群体性行动，需要大量信息支撑。信息的及时获取和准确判断是争取应急救援行动主动的基础。信息要通过侦测获取。从侦测的内容看，涵盖应急救援对象及相关区域政治、经济、交通、气象、水文等信息，既包含应急救援对象本身状况、所处环境、可供利用的资源等外部信息，还有应急救援力量自身人员状况、装备性能、物资储备等内部信息。从时间跨度看，侦测信息要涵盖整个应急救援全过程，从收到灾情警报到启动应急响应机制，从情况处置到撤离，侦测工作要贯穿始终，持续不间断。

就自然灾害应急救援行动而言，需侦测的信息内容广泛多样。对自然灾害引起的水利水电设施损毁应急救援任务来说，主要侦测内容有水情、工情、险情、环情、我情、社情、市情等，每项基本侦测内容中又涵盖具体内容。例如：

水情，主要描述水库、江河湖泊等的状况、特征及地理意义，技术数据有流量、水位、流速、库容等。其中水库水情的技术数据又包括有校核洪水位、设计洪水位、防洪高水位、正常蓄水位、汛期限制水位、死水位、汛期运行水位、死库容、总库容、调节库容、有效库容、水库的最大泄量、水位—库容关系曲线、水库水位—泄洪流速关系曲线、集水面积、最大降水量、年平均降水量、多年平均年径流量、入库流量、降雨等。

（2）信息时效性要求高。时效性是指信息仅在一段时间内对决策具有价值的属性。就如所有的信息情报一样，应急救援侦测也具有时效性，而且对时效的要求更加严苛。应急救援是为消除事故、事件危害，防止事故、事件恶化或扩大，最大限度减少事故或事件造成的损失或危害而采取的救援措施或行动。在应急救援过程中由于事故、事件的突发性、发展变化的不确定性、影响因素的复杂多变性等原因，救援工作突出"急"字，即时效性。在时效性的把握上，要把握好"应急期"，即最佳处理时机，否则可能贻误战机，造成灾情扩大、损失增加等严重后果。应急救援行动的高时效性要求决定了侦测工作必须注重时效、快捷，为迅速发现和把握"应急期"赢得先机。

（3）信息准确性要求高。应急救援侦测所获取有用信息直接为应急救援行动服务，信息的准确性直接影响行动成败。因此，侦测工作作为遂行任务的"耳目"，必须做到"看得明，查得清，测得准"。同时，由于事故、事件的紧迫性和重大影响，一定程度上决定了应急救援任务只能胜利，不许失败，应急救援几乎没有犯错的机会。因此，侦测的信息必须真实可靠，准确无误。否则，轻则降低救援效率，重则误判情况，误导决策。

（4）信息传输、处理要求高。遂行应急救援任务过程中的侦测工作一般包括信息采集、传输和处理三个过程。侦测内容的多样性、侦测过程的时效性、侦测结果的准确性等要求决定了侦测信息在传输、处理上的高要求。传输上必须准确无误，快捷高效；处理上需要从海量信息中分类筛选，去伪存真，形成可供指挥者决策的有效信息。反之，若信息传输不畅，处理不及时、不准确，将会造成贻误战机、降低决策效率或误导决策等严重后果。

（5）社会关联性高。应急救援是一项涉及党、政、军、民等多个部门，多个领域的跨部门、跨领域系统活动，是一项受全社会广泛关注和参与的行动。应急救援侦测工作作为应急救援行动的一部分，同样是一项多部门、多领域共同参与，社会关联性高的工作，侦测过程社会参与度高。应急救援所需的水情、工情、险情、环情等信息信息量大，分布在水利、交通、气象、水文等多个领域，需要侦测人员协调多个部门获取，需要多部门的共同支持帮助，无论是从处置效率还是从经济效益来看，社会的积极参与都会极大地提高侦测进程与质量。

1.2　应急救援侦测的发展历程

历史上，我国是一个灾害多发的国家。从已有的历史资料和现代研究结果来看，我国历史上至少出现过四个灾害群发期，即夏禹灾害群发期（公元前2000年前后）、两汉灾害群发期（公元前200—200年）、明清灾害群发期（1500—1800年）和清末灾害群发期。对于以农业生产为主的我国来说，灾害就意味着粮食产量的减少，意味生存受到威胁，因而对灾害进行研究、预防和预警就不可避免地成为人类社会的一项重要活动。

1.2.1　我国古代的应急救援侦测

"应急救援"和"侦测"都是近现代才出现的词语。在古代，虽没有这些说法，但与应急救援侦测相关的工作却是由来已久，其中以在农业领域防灾减灾中的应用最为普遍。

我国农耕文明源远流长，在农业的发展过程中，人们与自然灾害进行了漫长的斗争，斗争过程也是灾害救援侦测能力逐步发展进步的过程。人们在与灾害的斗争中，不断探索研究总结经验，从无知到无惧，逐渐掌握了一些应急救援侦测的方法和技巧。

（1）以经验总结为主的定性分析。早期的应急救援侦测都是人们为了规避灾害，根据一些自然现象对灾害进行预测。占卜之术，就是人们因恐惧自然灾害而做出的预测行为，虽然缺乏科学依据，却是最早的预测行为，也是当时开展救援与避险的主要依据。后来在长期的实践中，古人发现自然灾害的发生发展并非无迹可寻，事先都是有一些征兆的，并首先慢慢从气象和物象上总结出一些规律，在实践中得到验证后，加以总结完善就形成了一些预测经验。而之后的很长一段时期内，人们一直以观察天象和物象作为灾害预防的主要手段。我国历朝历代的中央政府都设有专门观测天文、气象的机构。在我国古代文献中，有大量关于依靠天象、物象、节气等来预测自然灾害的记载。例如：殷商时期的甲骨文中就记载了如何依据云向来判断天气；唐代的《相雨书》中有许多查看云、气、日月星辰等来预测天气和灾害的记载；明代《探春历记》中按照农人的经验以立春日的干支来断定一年四季的雨、水、风、雪等；清代也有许多关于天气、物象预测灾情的记载。

（2）以工具测量为主的定量观测。以经验为依据的灾害预测，准确度难以保证，可靠性不高。为了更加深入掌握各种灾害发生规律，更好地做好预防、减少损失，人们发现不仅需要定性地总结相关经验，做出判断，更迫切需要解决定量观测问题，采取行动。古人以自己的智慧发明了许多观测气象的仪器，例如雨雪测量器、地动仪、测风器、量雨器、湿度计、地温表等，其中值得一提的是雨雪测量器和地动仪。雨雪测量器在我国出现得很早，具体的出现年代已无从考证，但早在南宋就有测量降水量的明确记载。雨雪测量器的出现，在历史上的灾害预防中显现出了积极的作用，正如竺可桢先生所说："要而言之，则测量雨量实为救济水旱灾荒之惟一入手之法。"如果说雨雪测量器是专业预测水害的，那么地动仪则是专业预测地震的典型。世界上第一架地动仪是我国东汉时期的张衡于132年所发明的候风地动仪，是世界上最早的可用于预测地震并掌握地震动态和大致方位的仪器。据《后汉书·张衡传》记载，候风地动仪"以精铜铸成，圆径八尺，形似酒樽"，并于134年成功预报了我国西部地区的一次地震。

（3）以登记统计为主的灾情报告。我国自秦代开始就有了降水观测记录，并开始由地方向中央上报降水量，秦代把上报农作物生长期的雨泽及受灾程度作为一项法令，要求各地严格执行；汉代也有"自立春，至立夏，尽立秋，郡国上雨泽"的法制；之后历代沿袭这种制度，到宋代建立了较为完善的报汛制度；明代建立黄河飞马报汛制度，为清代所沿用；清代还建立了雨雪、收成、粮价奏报制度和晴雨录。每逢雨雪或缺少雨雪，地方官员都要向皇帝报告雨水入土深度、积雪厚度及起讫日期等。明清时期，我国就建立了比较完善的灾情统计报告制度。明太祖时期规定，"凡州县旱伤，如有司不奏，许著民申诉，处以极刑"。清代嘉庆朝《大清会典》规定"凡地有灾者，必速以闻"。在灾情发生后，地方政府都要及时向上报告灾情，然后进行勘察核实。

由于交通条件和通信手段的落后，古代应急救援侦测难以在灾害发生时发挥有效作用，因而更多地作用体现在对灾害的预测、赈灾救济与灾后恢复上，主要侦测手段以实地观察、工器具测量和统计上报为主，到清代才逐渐形成了一套较为完整的程序和体系。

1.2.2 我国近现代的应急救援侦测

随着科学技术的进步和对救灾工作的重视，近现代的应急救援工作的重要性已经逐渐被大家所认知，应急救援也逐渐向专业化方向发展。

中华民国之前的救灾事宜是君王临时委派朝廷大臣主持，由各机构兼管，而进入民国之后，救灾事宜有了专门的主管机构。1912年，南京临时政府成立之初，中央设立内务部，各省设民政厅，主要负责全国和地方赈灾、救济、慈善及卫生等事宜。国民政府成立后设立民政部，后又改为内政部，是当时主要的社会救助常设单位。1931年为救助江淮大水，国民政府设立救济水灾委员会，专司临时赈灾、事后补救及防灾事项。1933年，为救济黄河水灾，成立了黄河水灾救济委员会。之后到中华人民共和国成立之前，我国一直处于战火之中，救灾机构主要以地方和民间组织为主。中华人民共和国成立后,对于灾害救援与治理的力度有所加大,其中最为突出的就是对淮河的治理。

随着对应急救援理论和技术研究的深入,人们逐渐意识到了侦测工作在应急救援中的重要性,但一直受限于信息的传递效率。直到 19 世纪,电信技术的发明,让应急救援侦测具有了研究使用的价值。虽然,民国时期就已经有了灾害救援的主管机构,但对应急救援侦测能力的建设肇始于 1992 年中国地球物理学会天灾预测专业委员会的成立。之后,随着信息技术和计算机网络的飞速发展,应急救援侦测技术发展迅猛。卫星遥感技术的成熟使得准确定位和对地观测信息的全天候、全方位获取成为现实;通信技术的发展让侦测信息的传输受地理环境的影响大大减小,极大地缩短了人类空间距离,让信息的实时、大批量、快速传输实现了质的飞跃;计算机技术的日新月异让侦测信息的识别、存储、处理更加快捷高效,并向着大数据分析处理的方向发展。

1.3 应急救援侦测的一般过程

应急救援侦测实质上是一条以信息获取、信息传输、信息处理这一信息流为中心的完整的信息链。信息获取是信息链的源头,是信息流的源泉;信息传输是信息链的脉络,是信息流的保障;信息处理是信息获取的延续,是对信息流的梳理淬炼。无论是信息获取、信息传输还是信息处理当中哪一个环节出现了问题,都会影响信息的价值效能。

所以说,侦测工作能否在应急救援中体现出决策支撑的重要作用,不仅受限于信息的侦测内容与方法,更取决于信息流是否丰富畅通、信息链是否完整可靠。

1.3.1 信息获取

人类社会一直都是在信息之间的碰撞交流中进步发展,从原始社会、农业社会、工业社会、网络社会到今后的信息社会,人们获取信息的方式发生了巨大的变化,从"手舞足蹈""口耳相传""你说我听""你演我看""转载、搜索与定制"到"智能识别、自动获取"。人们获取信息的方式在不断进步的同时,信息获取方式的种类也是在不断地丰富。在科技已较为发达的当下,信息获取之所以较以往更为容易,不仅是因为获取方法更加科学、先进,同时也是因为获取信息的方法种类比以往更丰富,有了更大的选择空间。

1.3.1.1 信息获取方式

从古至今,信息获取的方式一直在被优化,已经由最早的人工感官获取发展到常规器测,再到自动化监测,而且正向全面智能化、多维化的遥感遥测转变，从点测发展到面测，从静态监测发展到动态监测。从器材使用的角度来说，信息获取的方式归纳起来可以分为人工感官获取、常规器具测取、自动监测和遥感遥测四大类别。

（1）人工感官获取。人工目测是最为传统的观测方法，不仅仅是指用眼睛看，包括"望、闻、问、切"。"望"，观察事物的外观、颜色、形态以及动物的行为等肉眼能够看清的表象；"闻"，包含嗅气味、收集新闻、传闻消息等；"问"，即询问相关情况，如事物是否反常或者曾有类似情况发生；"切"，必要时还需要采取触碰、剥离、开挖等方式进行进一步的观测。

人工目测主要的依据是观测者的经验总结与概括以及事物发展的逻辑规律，虽然方法简单，得出判断结果迅速，但是具有很强的主观性，而且观测的频次较低，受观测环境和偶然因素的影响较大。此外，由于人工目测主要是对事物外在表现的观测，观测数据较为粗糙，无法实现精确的定量计算。目前，人工目测只用于对部分定性数据（如外观、色泽、浑浊度等）和特殊情况下简单的量化数据（如距离、高度等）的辅助获取。

（2）常规器具测取。常规器具测取是指借助常规器材来获取相关数据信息，是目前应用最为广泛和普遍的信息获取方法。这里所说的常规器材并没有一个固定的范围，只是指普及率较高或应用较广泛的器材，不同的地域、不同的情况、不同的时间可能会有所差别。

常规器测是在人工感官获取的基础上借助器具来实现数据量化或者增强获取信息的能力。相比于人工目测来说，常规器测获取信息的精度更高、数据量更丰富，但是观测频率依然较低，受环境因素和偶然因素影响较大。

（3）自动监测。自动监测技术是20世纪60年代发展起来的一种全新的观测技术，它是随着计算机技术、网络通信技术的发展而发展的。自动化监测分为三种形式：①数据处理自动化，俗称"后自动化"；②实现数据采集自动化，俗称"前自动化"；③实现在线自动化采集数据，离线资料分析，俗称"全自动化"。

利用自动化监测技术获取信息，可以实现定时与实时观测，观测频率高，并且受人的主观性、环境变化和偶然因素等影响较小。

（4）遥感遥测。广义的遥感泛指各种非直接接触的远距离探测目标的技术，主要是根据物体对电磁波的反射和辐射特性，利用声波、引力波和地震波等进行探测；狭义的遥感是指从远距离、高空，以至外层空间的平台上，利用可见光、红外、微波等遥感器，通过摄影、扫描等各种方式，接收来自地球表层各类地物的电磁波信息，并对这些信息加工处理，从而识别地面物质的性质和运动状态。按照使用的平台不同，遥感可分为地面遥感、航空遥感和航天遥感。

遥感遥测的优点有：①获取信息的速度快，周期短；②可获取大范围的数据资料；③获取信息受限条件少；④获取信息量大。

1.3.1.2 现代信息采集技术

现代信息采集是人工感官获取、常规器具测取、自动监测和遥感遥测四者的综合，目前是以常规器具测取和自动监测为主、人工感官获取和遥感遥测为辅，逐渐在向以自动监测和遥感遥测为主、人工感官获取和常规器具测取为辅的方向发展，其主要特征有：①广泛应用了地面监测系统来进行信息采集；②遥感技术被应用到信息采集当中；③公众参与到信息采集工作中，信息来源渠道多样化。

1. 地面监测系统

地面监测系统在我国的应用很广泛，数量和种类很多，例如雨水情监测系统、地质灾害监测系统、地震灾害监测系统、大坝变形监测系统等，它可以实现实时观测，同时可以改善观测、测量工作人员的工作环境，减少工作量。完整的监测系统通常包括数据采集系统、通信控制系统、中心控制系统、供电系统几个部分。

（1）数据采集系统通常为传感器装置，它是将被测量（如物理量、化学量、生物量等）的信息转换为与之确定的电量输出的装置，也叫作变换器、检测器。传感器按照被测量性质分为机械量传感器（主要检测力、位移、速度、加速度等）、热工量传感器（主要检测温度、压力、流量等）、成分量传感器（主要检测化学成分）、状态量传感器（检测设备运行状况）和探伤传感器（主要检测内部气泡、裂缝等）。

（2）通信控制系统主要功能是实现信号预处理和信号传输。信号预处理实现以下功能：

1）信号放大，对微小电信号经共模抑制比放大电路，提高信号强度。

2）滤波，过滤不需要的波段提高抗干扰能力。

3）驱动，信号要经长电缆线传送时，须经阻抗变换，提高驱动力。

信号传输是指采用有线传输、无线传输等通信方式，实现采集系统与中心控制系统之间的连接。

（3）中心控制系统是整个监测系统的指挥者，安装有监测系统的主控软件，具有数据入库、数据存储、数据查询、数据统计、数据分析以及系统工作状态监测等功能。

（4）供电系统为整个监测系统提供动力能源，必要时还需要配置备用供电设施。

2. 遥感信息采集系统

遥感信息采集系统是指利用遥感器从空中来检测地面物体性质的信息采集系统，它根据不同物体对波谱产生不同响应的原理，识别地面上各类地物。也就是利用空中的飞机、飞船、卫星等飞行物上的遥感器收集地面数据资料，并从中获取信息，经记录、传送、分析和判读来识别地物。它主要由遥感平台、传感器、遥感数据接收与处理系统和遥感资料分析解译系统几个部分组成。

（1）遥感平台，即在遥感中搭载遥感仪器的工具，其运行特征与稳定状况直接影响遥感仪器的性能和遥感资料的质量，包括各种飞机、卫星、火箭、气球、高塔、机动车等。

（2）传感器是遥感中收集、记录和传送遥感信息的装置，是遥感的核心，包括摄影机、摄像仪、扫描仪、雷达、光谱辐射计等。

（3）遥感数据接收与预处理系统，顾名思义是用于接收与处理遥感信息的系统装置，例如卫星地面接收站、用于数据中继的通信卫星等。

（4）遥感资料分析解译系统，用于根据应用需求，对所获取的经过预处理的图像胶片或数据进行分析、研究、判断和解译，从中提取有用信息，并将其翻译成为我们常规使用的文字资料或图件的工具，包括常规目视解译技术、电子计算机解译技术和人机结合解译技术等。

3. 多样化信息获取渠道

现今的灾情侦测工作不再仅仅是政府部门或者某个专业机构的工作任务，而是一项全民参与、群测群防的社会性工作。随着社会的发展进步，已经开放了多种渠道以便于广大公众提供和获取灾情相关信息。

（1）基于 PDA 的灾情信息上报系统。PDA 的灾情获取系统是一套包括信息采集、传递和处理的综合应用系统，主要用于专业灾情信息上报员采集和编辑灾情信息，包括位置信息、属性信息以及图片等，经过 GSM/GPRS/3G 移动网络或互联网发送至区域灾情处理中心。

（2）基于 BGAN 网络的灾情信息上报系统。基于 BGAN 网络的灾情信息获取系统与基于 PDA 的灾情信息获取系统相似，只是把 PDA 终端变成 BGAN 终端，传输网络为 BGAN 网络。它主要实现了信息传输、即时通信、信息转发、信息接收和信息上传，帮助救援人员快速上报灾情，指挥中心及时掌握灾情、发布灾情。

（3）灾情在线填报系统。通过建立灾情在线填报网站，公众和工作人员都可以登录填报网站，在线填报灾情相关信息，填报时使用选择项，操作简便。此外，网站还提供 PDA 灾情上报软件专业版以及升级包的下载。

（4）12322 防震减灾公益服务平台。它是一套结合自动语音播报、人工座席服务、知识库、座席录音和座席监控等多项功能的呼叫中心系统，平时主要用于向公众提供防震减灾咨询服务和防震避震常识普及宣传，震时用于收集和发布灾情。

（5）手机短信彩信灾情上报与发布。它主要通过利用移动 MAS 服务获取手机短信灾情。手机用户可将采集的灾情信息（文本、图片、小视频等）发送到灾情上报短信服务特号，系统会自动提取短信、彩信信息，提取的信息经人工干预完成格式化和甄别处理过程后存入数据库。

（6）互联网灾情智能检索。利用互联网灾情智能检索程序在灾害后第一时间根据设定的检索条件从互联网上抓取所有与此灾害相关的满足检索条件的数据及其元数据，包括新闻、微信、微博、说说等。

1.3.2 信息传输

信息传输是指信息以某种形式借助一定的传输介质实现信息传送的一个过程，它是信息使用方能够及时接收信息的保障，也是信息能够发挥价值的保障。现代的应急救援侦测信息除了包含文字、数据、图片等信息，还包括视频、语音等信息，这就要求信息传输必须具备一定的传输速率和传输距离，并满足稳定性的要求。

1.3.2.1 信息传输的主要方式

古代的信息传输主要是面对面的传送，如口信、肢体语言等；之后文字的发明才有了远距离信息传输的出现，例如飞马报信、飞鸽传书等；近现代主要是将信息以信号的形式来进行传输，例如电话、电报、邮件等。随着信息技术的发展，目前应用到的信息传输方式有三种：有线传输、无线传输和卫星传输。

1. 有线传输

有线传输，就是将信息以光电信号的形式通过光缆、电缆等传输介质来实现信息传送的传输方式。一般有线传输系统包括信息终端、信道终端、信号处理和有线信道四个部分。而有线传输所使用的传输介质不同，其传输效果也有所差异。

（1）架空明线线路传输。明线线路是利用地面和电杆支持架之间的裸导线来进行信息传输的有线电通信线路。通过在电杆上架一对或多对导线来构成信道，这种信道的频带低端在 300Hz 左右，高端根据线径尺寸、间距大小不同而不同，在 1MHz 左右，主要用于电话、电报、传真等方面。

其优点是架设拆除过程比较简单，在维修方面也较为容易；其缺点是信号传输速度较慢，传输距离较近，而且受外界天气气候等因素的影响。

（2）平衡电缆传输。平衡电缆也称对称电缆，分为低频对称电缆和高频对称电缆。低频对称电缆如市话电缆，它的频带较窄，一般一个信道只能通一路电话，因此只适用于小型区域内的电话通信。高频对称电缆如双绞线，它是通过声音的模拟来传输信号，主要应用于大型单位的综合布线系统中，分为屏蔽双绞线和非屏蔽双绞线。屏蔽双绞线是在双绞线外层镀上一层金属材料，用于避免隐私曝光、信息丢失等重要信息外泄的情况发生，但由于其价格昂贵而且笨重，所以应用较少。非屏蔽双绞线分为两个等级：3类双绞线的信号传输速率可以超过 10MB/s；5类双绞线可达到 100MB/s，加上重量较轻、延展性和柔韧性能好、安装较为容易的优点，因此应用也相对更加广泛。

（3）同轴电缆传输。同轴电缆一般以金属铜作为介质，以提高传导率，它是以一根铜线芯线外包一个同轴铜管代替电缆的另一条铜线来组成一个信道，使得电磁波基本上在同轴内部传输，很好地提高了抗干扰的能力。按照传输信号的形式可以将同轴电缆分为基带同轴电缆和宽带同轴电缆。基带同轴电缆采用数字信号进行传播，宽带同轴电缆通过模拟信号进行信息传输。同轴电缆的频带很宽，高端可以达到十几吉赫兹，广泛应用于信号馈线和电视信号传输，是一种不可或缺的有线传输方式。

（4）光纤传输。光纤传输主要是在玻璃纤维即光导纤维中通过电信号来传输信息，它可支持视频信号、数字信号以及模拟信号的传输，现在是各大骨干网的主要传输手段。其主要的优点包括：带宽高、通信容量大；不受天气影响，抗干扰能力强；保密性好，可靠性高；重量轻、尺寸小。缺点是造价高，施工难度大，工艺复杂，而且由于光缆通常采用随杆路架设或者地埋方式敷设，所以受人为破坏影响较大，光缆一旦被破坏视频图像就无法传输。

2. 无线传输

无线传输是指利用无线技术进行数据传输的一种方式，通常信息以电磁波的形式传输，按照其传输距离的远近可以分为近距离无线传输和远程无线传输。

（1）近距离无线传输。近距离无线传输主要应用于信息电器、移动办公、工业化、Intel 接入以及小区域内的信息传输等领域。常见的主流近距离无线传输技术有以下几种：

1）IrDA（红外通信技术）。IrDA 是一种较早出现的短距离无线通信技术，一般采用红外波段内的近红外线，波长为 $0.75\sim25\mu m$。目前 IrDA 的最高速度标准为 4MB/s，通信距离在 1m 以内，同时在点对点通信时要求接口对准角度不能超过 30°，并且只限于在两个设备之间进行链接，不能同时链接多个设备。

IrDA 的优点包括：无须专门申请特定频率的使用执照、体积小、功率低、点到点的连接下速率较快、保密性和抗干扰性较好。其缺点是：传输距离短、功能单一、扩展性差、通信过程中不能移动以及遇障碍物通信中断等。

2）802.11 标准。它是 LAN 以太网的无线延伸，其优点是能够支持复杂的MAC 特征，如节点隐藏和应用点间的漫游高速 IEEE 802.11 工作在 2.4GHz ISM 频段并将数据速率定为 5.5MB/s 和 11MB/s。

3）HomeRF（家庭无线射频技术）。HomeRF 是在家庭区域范围内的任何地方，在 PC 和用户电子设备之间实现无线数字通信的开放性工业标准。Home-eRF 采用跳秒的跳频速率以最大限度地减少干扰，此跳频速率比 IEEE 802.11b

FHSS 的跳频速率高得多，但在物理层上则较 IEEE 802.11b FHSS 规范有所放松。HomeRF 最大发射功率为 100mW，采用 FSK 调制，通信距离约 50m，数据吞吐量约为 1MB/s。和 IEEE 802.11 一样，一个 HomeRF 网络可以支持至多 127 个节点及 4 个话音通信链接。作为无线技术方案，它代替了需要铺设昂贵传输线的有线家庭网络，为网络中的设备，如笔记本电脑和 Internet 应用提供了漫游功能。

4）Bluetooth（蓝牙）技术。蓝牙技术是使用 2.4GHz 的 ISM 公用频道的一种短距离、低成本的无线接入技术，为固定与移动设备通信环境建立一个特别的连接，应用于近距离的语言和数据传输业务。蓝牙设备的工作频段为全球通用的 2.4GHz ISM 频段，用户无须申请即可使用。采用时分双工方案来实现全双工传输，其理想的通信距离为 10cm～10m，通过增大发送功率可以将距离延长至 100m，数据传输速率约为 1MB/s，目前最新的蓝牙设备的传输速率在理论上可以达到 480MB/s。

5）UWB（超宽带）。UWB 无线通信是一种不用载波，而采用时间间隔极短（小于 1ns）的脉冲进行通信的方式，通常在较宽的频谱上传送极低功率的信号，在短距离（13m 以内）有很大的优势，最高传输速率可达到 1GB/s。其优点是抗干扰性能强、传输效率高、系统容量大、发送功率小。UWB 系统发射功率非常小，通信设备可用小于 1mW 的发射功率就能实现通信，低发射功率不仅大大延长了系统电源工作的时间，而且对人体的辐射影响也会很小，因而应用面较广。

6）ZigBee（紫蜂协议）。ZigBee 是一种基于 IEEE 802.15.4 标准的新兴的局域网协议。它的工作频段为 6）4GHz ISM 频段，传输速率为 10kB/s～256kB/s，传输距离为 10～75m，大多时候处于睡眠模式，适合于无须实时传输或连续传输更新的场合。其特点是近距离、低复杂度、自组织、激活延时短、低功耗等，主要应用于自动监控和遥控领域。

（2）远程无线传输。远程无线传输是指传输距离在几千米以上的无线传输，目前国内应用较为广泛的主要有以下几种：

1）短波传输。短波传输是指波长为 100～10m、频率为 3～30MHz 的一种无线电传输技术。短波传输发射的电波需要经过电离层的反射才能到达接收设备，通信距离较远，是远程通信的主要手段。由于电离层的高度和密度容易受昼夜、季节、天候等因素影响，所以短波传输的稳定性较差，噪声较大。

短波传输具有其他传输系统不具备的特点：①不受网络枢纽和有源中继体制约，抗毁能力和自主通信能力很强；②在山区、戈壁、海洋等超短波难以覆盖和线路难以架设的区域，主要依靠短波；③与卫星相比，短波通信无须支付费用，成本低。

2）超短波传输。超短波是利用波长为 $10\sim1m$，频率为 $30\sim300MHz$ 的电磁波进行的无线电通信，也叫甚高频通信。由于地面吸收较大和电离层不能反射的原因，超短波只能靠直线方式传输，称为视距通信，传输距离约 $50km$，并且受地形影响很大，电波通过山区、丛林和建筑物时，容易造成信号中断。

超短波传输的优点：①频段宽，约为短波频宽的 10 倍，通信容量大；②视距以外的不同网络电台可以用相同频率工作，不会相互干扰；③利用方向性较强的天线可以增强抗干扰能力；④受昼夜和季节变化的影响小，通信较为稳定。

3）微波传输。微波传输是指利用频率在 $300Hz$ 以上的高频电磁波进行无线传输的一种方式，采用调频调制或调幅调制的办法，将图像搭载到高频载波上，转换为高频电磁波在空中传输，能够解决几千米甚至几十千米范围内的数据传输问题。

其优点：①成本低，性能稳定，维修费用低；②组网灵活，可扩展性好，即插即用；③可动态实时传输广播级图像，图像传输质量较高且完全实时。缺点有：①传输的频段中的常用波段较多，且传输环境是开放的空间，易受外界电磁波干扰；②微波信号为直线传播，中间不能有障碍物，否则得加设中继；③受天候影响较大。

3. 卫星传输

在通信系统中，使用卫星已经成为现实生活中非常普遍的现象，目前通过卫星来传输信息已成为远距离、全球通信的主要手段。

卫星传输简单地说就是利用人造地球卫星作为中继来转发无线电波进行的信息传输，例如海事卫星通信系统、铱星系统和全球星系统等，主要由空间分系统、地球站、跟踪遥测及指定分系统和监控管理系统四部分组成。

卫星传输具有其他传输方式不可比拟的优点：①传输距离远，理论上只要三颗卫星适当配置就可实现除两极附近区域以外的全球互联传输；②以广播方式工作，便于实现多址联接，能同时实现多方向、多地点之间的相互通信；③信息容量大，能传送的业务类型多；④可通过接收本站发出的信号，可以判断是否正确传输及传输质量；⑤成本低，同样的信息容量、距离等条件下，卫星传输相比其他的传输方式花费更少；⑥数字卫星传输系统还具有较高的抗干扰能力和传输能力。

卫星传输也有一些缺点需要在使用中加以注意：①信号传播有时延，信号传送到通信卫星再返回地球站需用时约 $270ms$，对于传输电话来说就有 $540ms$ 的时延；②日蚀和日凌影响，日蚀期间需要使用电池供电，日凌期间会出现信号中断；③雨衰的影响，降雨和云层都会使得无线电波有所衰损，信号强度降低。

1.3.2.2 信息传输终端

信息传输经历了原始阶段、自动化阶段和信息化阶段，信息传输终端设施随着时代的发展和信息传输方式的改变也在一直更新换代中。以水情上报举例来说，自中华人民共和国成立以来，其主要的信息传输经历了徒步与骑马报送、电话电台报送、自动传输终端、智能（便携式）报送终端、卫星传输终端的发展历程。

（1）徒步与骑马报送。古时的信息传输多是以徒步和骑马为主，其中最为大家熟知的就是"八百里加急""飞马报信"等方式。直到中华人民共和国成立初期，由于当时经济条件和科技水平的限制，我国仍然还有很多地级防汛部门、县（区）级测站采用徒步或骑马的方式来进行报汛报灾，例如，辽宁省的辽河卡力马和浑河北大沟等测站在 1949 年仍使用徒步和骑马的方式报汛。

（2）电话电台报送。电话和电报是传统的灾情报送设施，但相比于徒步和骑马而言，已经进步很大，极大地提高的信息传输的效率。1951 年汛前，中央水利部专款对大江大河重要水情站架设专用电话，大部分测站基本都开始使用长途电话报汛。1952 年，经与邮电部门协商，各水情站可借用当地乡镇邮电所有线电话向省防汛部门话传水情信息。1953 年水利部颁发《报汛办法》，水文情报工作开始走向正轨，各水情站采用全国统一水情专用码拟拍水情电报，到就近的乡镇邮电所向中央、省市和地方防汛部门拍发。1956 年之后，防汛指挥部对特别重要的水情站租设邮电部门的短波电台，实现有线和无线双保险。之后很长一段时期里，电话电台报送一直是水情报汛的重要工具。

（3）自动传输终端。自动传输报送主要是依靠自动遥测站来实现，我国大范围建设遥测站始于 20 世纪末。遥测站配备有各类传感器、RTU、通信终端、电源等设备，将采集、存储的信息按照设置通过 GSM/GPRS 网络自动发送至信息分中心。自动传输报送极大地降低了人工工作量，还可以实现实时自动传输报送。

（4）智能（便携式）报送终端。现今的信息传输报送终端逐渐向智能化和便携式发展，其优点是传输的信息类型多样化，传输速度更快，使用更加方便。早期的智能传输终端设备主要是智能传输机，它由处理单元、存储单元、通信单元、输入单元和电话功能等部分组成，既具有电话功能，又具有编辑、显示、存储、传输文本文件的功能，实现了发送前的离线校核，有效地确保了电文发送的准确性。PDA（触摸键盘）报送系统采用国际最流行的嵌入式技术，可以读取自动监控数据采集终端所采集到的数据，它的引入使得信息报送更加快捷、灵活。

随着通信技术的发展，通过利用灾情报送的 App 软件，智能手机、iPad、电脑等智能电子设备也逐渐被用于信息传输报送中，可以大幅缩短信息报送时间，减轻工作人员的工作量，提高信息传输的时效性和准确性。2016年5月10日，首批"灾情直报型北斗减灾信息终端"（简称"北斗减灾信息手机"）发放到上海市各社区，灾害信息员可以随时随地打开手机上的"国家自然灾害灾情管理系统"按照灾情种类，上传灾情信息和拍摄的照片。

（5）卫星传输终端。卫星传输终端是基于卫星通信系统来传输信息，主要的作用是在其他通信平台瘫痪或出现其他紧急情况时，可以用来作为应急措施。卫星传输终端可以大幅提高信息传输应对突发问题的能力，确保信息上报的稳定、顺畅。

1.3.3 信息处理

信息处理主要是指对所获取的信息资料进行加工整理，使之条理清晰，应用方便。

1.3.3.1 信息处理的一般过程和方法

应急救援侦测工作所涉及的信息量很大，就整个应急救援行动全过程而言，这些信息对于整个救援行动的决策部署具有不同程度的参考价值。但就阶段性的具体任务而言，不同阶段获取的不同类型信息对不同阶段的任务作用是不同的，尤其是对紧前任务而言，并不是所有信息都能完全符合当前任务的需要。另外，由于信息来源、获取方式、获取时段等不同，有时存在信息缺失不全的现象，有时存在相互矛盾的情况，有的甚至与当前任务完全无关。所以，在信息应用前需要对信息进行分析、整理、加工，即进行必要的加工处理，以获取有价值的信息。信息处理主要是对所获取的信息开展的整理、鉴别和分析等工作。

1. 信息处理的一般过程

（1）序化整理。由于信息来源的渠道、方式、方法多种多样，所以我们获取的大多数信息在形态上也是多种多样的，有的是实测数据，有的是历史资料，有的是已发生的事实，有的是有待证实的未知信息。信息既十分丰富，又零散无序，甚至相互矛盾。因此，首先需要运用一定的技术方法对获取的数据进行整理，使零碎的信息集中起来，并进行具体的概括、个别的综合等。目前常用的方法是统计分组和绘制统计图表。

（2）鉴别修补。信息需要进行鉴别修补是因为序化整理后的信息资料较为具有条理性，但其中存在真假混杂、缺失漏项、口径不一等问题。

1）甄别。用于判断信息资料的真假与可靠程度，从中选定可利用的信息资料，主要的方法是从有关指标之间的联系、对比和动态变化中寻找信息的矛盾点，作为判断的依据。

2）加工。对存在不真实、不合理或不科学因素的、不能直接利用的信息资源加以改造制作，使之合乎需要。

3）补充。对资料中的缺口和漏项加以补全和充实，使信息资料尽量完整、配套。

4）调整。将同类型或有相关性的信息资料加以调整，使其相互之间便于对比，更便于信息的分析利用。

5）估算。对一些没有掌握但又需要的信息，通过估算的方法进行获取，其估算依据是信息之间的平衡、因果、类比等客观存在的逻辑关系。

（3）合成分析。以已经汇总整理的大量信息资料为基础，通过提取、对比、归纳、演绎、抽象等方法，形成一定的概念、判断和推理，从而揭示出信息背后的本质和规律。与其他环节相比，合成分析在信息增值方面具有独特的作用，是增加信息价值最为主要的环节。

2. 信息处理的一般方法

信息分析的方法主要有报测离差法和推理拼凑法。

（1）报测离差法。报测离差法主要在现场勘查中使用，其实质是对比分析，主要的实施方法是将下级部门机构上报的信息数据和在实地实测的信息数据进行比较，计算出数据的差距。通过计算多个同地区同类型的上报数据与实测数据的差值，以绝对数表示平均报测误差数，以相对值表示平均报测误差率（%），然后结合量测系统的系统误差和偶然误差，判断计算出的差值是否合理、信息资料是否可靠，不能够解释差值出现原因的数据视为不可靠数据。

（2）推理拼凑法。推理拼凑法是指借助逻辑学中的推理原理，利用自然与社会现象之间的关联，借助一些获取的局部、片面或零碎的信息来拼凑出较为全面详细的信息。它是灾害预警和应急响应阶段快速分析评估灾情的一种有效的方法，主要是因为受环境、侦测资源等条件的限制，很难在短时间内获得全面而详尽的信息。

推理拼凑法的主要实施步骤是先将侦测目标拆分为多个单项分目标，分别按照侦测目标和单项分目标列举出相应需要的信息资料；然后将已获取的资料与之对比，列出所需推导的信息；最后逐个进行分析推导，填补缺口。

1.3.3.2　常见数据类型的信息处理

信息处理是对获取的初始数据进行计算、整理、解译等工作，以便获得更加直观的所需数据资料。早期的信息处理的方法主要是人工翻译并加工编制成各种图表以供使用，工作量大，效率不高，现今主要是依托于计算机技术进行数据计算处理、制图，辅以人工加以规范和判别。按照数据类型可以将数据处理总的概括为语音文字数据处理、普通图片图像处理、数值数据处理以及遥感影像数据处理等几个基本类型。

1. 语音文字数据处理

对于语音文字等描述性数据的处理，主要是为了使之系统化和条理化，并以集中、简明的方式反映主题。

一般来说，文字类数据资料的处理分为三个方面：①检查资料来源的真实性、可靠性，对于真实性未知的应当及时进行核实，无法核实确定的应当予以注明；②从原始材料中摘取出与所需相关的主要内容，并加以总结概述，对资料进行简化，必要时还需要以图表的形式加以描述，力求简单明了，一语中的；③按主题、时间或事件发展顺序对资料进行分类整理，以便于查找和进一步定性分析。

此外，语音类的数据通常需要先转换成文字资料，再按照上述方法加以整理，以便于上报和分析。

2. 普通图片影像处理

普通图片影像的处理原则是调用方便、清晰明了，通常需要注意以下几个方面的内容：①代表性图片的选择。实时传输和现场采集的图片数量庞大，需要精心挑选出能够真实地、清晰地反映实际情况的最具代表性的图片，减少后期工作量；②对图片进行微调。在确保图片不失真的情况下，调整图片的清晰度、明暗度等，保证图片观看效果良好；③对图片进行整理，包括编号、分类、注解等。按照图片所体现的内容对图片进行分类，并对每个类别按照时间顺序或事件发展的顺序进行编号，有必要时还需对相应图片加以解释说明。

3. 数值数据处理

对于数值数据的处理，主要是指对于站点测量或人工观测等测报的数值数据进行处理，以便获得更加丰富和直观的数据资料，通常包括三个方面的内容：①数值计算；②数据维护；③图表生成。

（1）数值计算是指对测报的原始数据（直接观测得到的数据）进行数理计算从而获取二次数据（非直接观测得到的数据），例如通过水位与水深的测报数据计算库容、流量，利用几何尺寸和地形数据计算体积与方量，以及其他数据的均值、极值计算，等等。现今的数值计算通常依托于系统的各类计算模块、计算软件和计算程序等，按照人工参与程度分为自动化计算和半自动化计算。自动化计算是指由计算机自主按照预设的计算方法、程序和公式进行的计算，此类计算的条件和过程一般都比较简单；半自动化计算是指由人工根据实际条件和计算需求设置限制条件、选择计算程序，人为干涉计算过程的数值计算方法，此类计算在复杂、重大情况分析中应用较多。

（2）数据维护主要是用于特殊情况下对数据表记录的数据进行批量修改或添加，包括追加、修改、插入、删除等，方便多源数据的相互补充和校正修改，确保可利用的数据更加准确、完善。

（3）图表生成是指将直接观测得到的数据和非直接观测得到的数据绘制成图表，例如时间—水位曲线图、水位—流量曲线图等。通过生成的图表，一方面是简单明了、便于所需数值的查找；另一方面便于直观地认识情况的发展过程和预测下一步的发展趋势。

4. 遥感影像数据处理

遥感影像区别于普通图片，它包含更加丰富的信息，但需要经过一系列处理过程才能从中获取更多的信息。通常获取的遥感数据格式为 NTF 格式，要使其变成实际需要的数据一般需要进行以下步骤：

（1）数据融合。遥感数据融合是针对多遥感器的图像数据和其他信息的处理工程，主要是将那些在空间或时间上冗余或互补的多源数据按照一定的算法有机地结合起来产生新的影像。融合后的影像同单一信息源相比，清晰度得到提高，能减少或抑制环境解译中可能存在的多意性、不完全性、不确定性和误差；最大限度地利用了多种资源的不同特性，使图像同时具有较高的光谱和空间分辨率，提高了图像的视觉效果；改善了几何精度、图像特征识别的精度和分类精度，有利于增强多重数据分析和环境动态监测能力；改善了遥感信息提取的现势性和可靠性，有效地提高了资料使用率。

（2）辐射校正。辐射校正是指对由于外界因素、数据获取和传输系统产生的系统误差进行校正，消除或改正因辐射误差而引起的影响畸变的过程，包括辐射定标和大气校正。其中，辐射定标主要是将记录的原始 DN（像元亮度）值转化为大气外层表面反射率（或称为辐射亮度值），解决传感器本身的误差；大气校正是将大气外层表面反射率（或称为辐射亮度值）转换为地表实际反射率，消除大气散射、吸收、反射引起的误差。

（3）几何校正。遥感成像时受摄影材料变形、物镜畸变、大气折光、地球曲率、地球自转、地形起伏等因素的影响，图像相对于地面目标会发生几何畸变，其表现为像元相对于地面目标的实际位置发生挤压、扭曲、拉伸和偏移等，针对这些几何畸变而进行的校正称为几何校正。

（4）裁剪、拼接与分幅。目标区域可能横跨两幅或几幅遥感影像，或者受云雾等因素影响导致影像局部模糊，这时需要将几幅以裁剪、拼接的方式合成新的满足实际需要的图像。图像分幅是指按照一定的方式将广大地区的图像划分成尺寸适宜的若干单幅图像，以便于图像的生成和使用。

（5）影像解译。影像解译是指根据地物的影像特征，如形状、大小、光泽、颜色、纹理、位置、布局等，结合实际认识和经验，从遥感影像上识别目标，定性、定量地提取出目标的分布、结构、功能等有关信息，并把它们表示在地理底图上的过程，它是从影像资料上获取量化数据的基础。

（6）数据整理统计与制图表。将解译原图上的类型界线转绘到地理底图上，根据需要，可以对各种类型着色，进行图面整饰，形成专题地图，借助一些软件（如 ArcGIS）不仅可以输出地图，还能对各类型的一些基本数据（例如面积、长度、宽度等）进行统计并绘制成统计图表。

1.4　应急救援侦测的现状与作用

自 20 世纪 70 年代以来，应急救援侦测日益受到全球各国的密切关注和高度重视，随着科学技术的发展，一些新方法新技术不断被引入到应急救援侦测的研究中来，并取得了重大突破。但应急救援侦测技术发展到当前，还存在许多需要解决的难题，还有很长一段路要走。

1.4.1　应急救援侦测系统的现状

1.4.1.1　国外应急救援侦测系统现状

当前，世界各国应急救援侦测系统发展参差不齐，美国和日本是应急救援预测和防治工作做得比较好的国家。其中以美国 GPS 技术为代表的卫星空间定位技术因其全天候、自动化、精度高等特点成为气象、地质、海洋灾害监测领域的领跑者。发展中国家，基本已经建立了地基观测站、空中侦察机、天基卫星观测相结合的综合监测系统，初步形成了较为完整的数字预报体系，但与发达国家相比，在预报精度和准确性上仍有一定差距。非洲部分不发达国家，仍采用传统观察动物反常行为、气候异常变化等办法对灾情进行监测，时效性差、准确率不高。

1.4.1.2　国内应急救援侦测系统现状

我国应急救援侦测系统建设起步较晚，20 世纪 90 年代以后各项工作才全面展开，1992 年 5 月 7 日，成立中国地球物理学会天灾预测专业委员会，对国内重大自然灾害进行研究和预测。我国已经运用现代科学技术建立起了由气象台组成的气象监测网，由综合和单项台组成的地质监测网，由水文站和水位站组成的水位监测网，由地震监测台站组成的地震预测网，已经初步形成了以观测站为末端触角，以北斗卫星为补充，以无人侦察机、侦测机器人、智能监测和遥感监测设备为导向，以地理信息技术、计算机网络技术、三维成像技术等为支撑的，遍布全国各地、相互交织的灾害监测和预警网络。1975 年 2 月 4 日 19时 36 分，我国辽宁省海城发生 7.3 级地震，震源深度 12.6km，震中在人口稠密、工业发达的辽东半岛中南部。震前 6 小时，辽宁省地震办公室根据前期研究和近期地震监测结果，向政府提出明确预报建议，政府发布地震预报，采取人离屋、畜离圈，工业停产、商业停业，重要物资器材转移到空旷地带，城乡停止一切会议，文化娱乐场所停止活动，降低水库、大坝水位等措施，极大地减少了地震造成的损失。据震后统计,地震共造成 18308 人伤亡,仅占总人口的 0.22%(邢台地震 14%、海通地震 13%、唐山地震 18.4%)。海城大地震的有效预测,为我国自然灾害侦测预警提供了很好的范例,也充分说明了侦测工作在灾害预警中的重要性。

1.4.2 应急救援侦测的作用

1. 应急救援侦测是实施正确指挥的先决条件

《孙子兵法·谋攻》里指出:"知己知彼,百战不殆;不知彼而知己,一胜一负;不知彼不知己,每战必殆。"孙子以朴素唯物主义观点,指出指挥员作战指挥应立足客观,全面掌握信息,并视之为科学决策的基础和前提。毛泽东同志在《中国革命战争的战略问题》中指出,指挥员的正确部署来源于正确的决心,正确的决心来源于正确的判断,正确的判断来源于周到必要的侦察和对于各种侦察材料的联贯起来的思索。由此可见,情报侦测乃将帅之要,决策所依。从应急救援的职能使命任务来看,灾情种类多、任务区域广、技术要求高,因此,信息搜集必须全面、准确、深入、快捷,才能为决策层科学决策提供可靠的信息保障。

2. 应急救援侦测是影响应急救援资源有效组合的重要因素

《孙子兵法·军争》里指出:"不知山林、险阻、沮泽之形者,不能行军;有不用乡导者,不能得地利。"科学的进步,使得我们逐渐认识到对任何事情的判断与分析,应当以信息为主导,而不仅仅依靠经验。应急救援侦测作为救援体系的构成部分,就是在有限的时间内,力争获得所需的各类信息,从而使得指挥员掌握所有可利用救援资源的状况,为救援力量的整合抽取、行进路线的选择、处置方案的制订和快速高效处置提供重要依据,提高资源配置的科学化水平,促进应急力量以最快的速度、最有效的手段、最小的代价赢得主动权,保障抢险任务的圆满完成。

3. 应急救援侦测是确保安全取胜的重要保障

应急救援行动,是国家应急救援体系共同行动的重要组成部分,具有情况紧急、条件受限、行动高危和保障困难的特点。应急救援侦测通过对获取的海量信息进行处理分析,识别出隐藏的威胁,为救援力量及时规避和解决潜在危险指明方向。所以,应急救援力量要想履行好职责使命,确保安全取胜,就必须发挥侦测系统的"隐形盾牌"作用,使指挥员及时准确地掌握灾情和预测可能面对的危险,及时准确识别危险因素,采取应对措施,实施科学决策、安全预防,规避风险。

第2章
水利水电设施损毁成因及其类型

"兴水利，除水害，历来是治国安邦的大事"。中华人民共和国成立以来，我国大兴水利水电开发，水库、电站、堤防等水利水电设施建设进入蓬勃发展时期。2010年统计数据显示，中国30m以上的已建和在建大坝共有5191座，其中100m以上的142座。水利水电设施既改善了人民的生产生活条件，也带来了不容忽视的安全风险问题。准确把握水利水电设施险情产生的原因和险情类型，对水利水电设施应急救援的措施制定具有重要的指导意义，也能为相应的侦测工作指明工作方向。

2.1 水利水电设施损毁成因

水利水电工程是国家经济和社会发展非常重要的基础设施，在防汛、灌溉、发电、供水等方面发挥着至关重要的作用。同时，水利水电设施一般蓄积巨大能量，稍有不慎，一旦出现意外，就可能造成巨大伤害。因此，一直以来，水利水电设施安全是备受关注的问题之一。历史上，国内外都曾发生过溃坝事故，造成了重大的生命财产损失。回顾世界上大坝建设的历史，早期修建的大坝以较低的土坝为主，很多大坝依据经验修建，大坝本身的质量和抵御洪水、地震等灾害的设防标准都很低，同时又缺乏必要的维护和加固，因此常常是在遭遇较大洪水、其他自然灾害，甚至是遭受袭击中发生溃决，或是在运行多年后出现各种险情。

20世纪初，材料力学、结构力学、水力学、土力学等科学理论开始应用于水库大坝建设，现代坝工理论也逐渐发展成熟。这些技术使得大坝的设计、施工和运行维护更加科学，应对外部威胁的能力也有所提高，大坝的安全得到了进一步保障。同时，各国水利学者、专家也开始逐步对水利水电设施险情的产生和发展机理等进行研究总结。研究表明，水利水电设施损毁的原因主要可以概括为自身缺陷、自然灾害侵袭和战争与恐怖袭击三个主要方面，见图2.1-1。

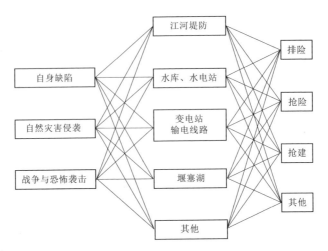

图 2.1-1　水利水电设施损毁成因及类型

2.1.1　自身缺陷

由于不同时期的技术水平、施工工艺不同，建筑标准和施工质量也不同，再加上人员能力素质参差不齐，水利水电设施在建成伊始，就存在一些自身缺陷。随着时间的推移和自然环境的侵蚀，水利水电设施的自身缺陷逐渐浮现出来，导致了许多险情的产生。

1950 年国际大坝委员会统计资料显示，全球 5268 座水库大坝中，我国仅有 22 座。之后，我国在 20 世纪 50—70 年代完成了水利工程建设的"大跃进"，一举成为世界上水库数量最多的国家。受当时技术水平、施工能力制约，小型水库普遍存在标准偏低、质量不高等问题，经过几十年的运行，目前水库大坝大多存在设施老化、坝体渗水等安全隐患，我国现存的小、危水库众多。据统计，我国头顶"一盆水"的地市有 179 座，占全国地市数量的 25.4%；头顶"一盆水"的县城有 285 座，占全国县城数量的 16.7%。病险水库一旦溃决，就会冲毁田地、房屋、道路等设施，甚至冲毁整个城市，将造成巨大损失。2005 年，根据各省级行政区上报水利部的数字统计，在 85160 座水库中，约 4 万座水库被列为病险库，约占全国水库总数的 50%。

我国曾对 1998 年以前的 2391 座水库的失事情况进行了初步分析，其中大型水库 11 座（建成 2 座，其余 9 座为半拉子工程），中型 107 座，小（1）型 2273 座。分析表明，水库大坝之所以存在自身缺陷主要是由勘测设计、施工和管理三个方面导致的。

2.1.1.1　勘测设计方面

根据统计资料显示，截至 2005 年年底，中国已建水库 85160 座，总库容

4620 亿 m^3。在已建水库中，一半以上水库建成于 20 世纪 50—70 年代，大多是采用"边勘测、边设计、边施工"的方式建成的，更有甚者是先施工、后补设计，勘测设计粗糙、工程标准低，加之重建轻管，经过几十年的运行，大多已处于病险状态。

如 1979 年，四川省 50 座小型水库垮坝，其中就有 28 座是没有做勘测设计，对流域面积、洪水和溢洪道大小"三不清"，防洪标准偏低。据宁夏回族自治区 1958—1979 年统计，垮坝 22 座，除 1 座中型外，其余 21 座小型水库的勘测设计，绝大多数是现场定点，口头设计，绘制了坝型断面草图即动工兴建，来水、库容、来沙和地基等基本资料大都是目测心算，并且一般都没有溢洪道和输水洞，采用叠梁式或卧管放水，输泄合一，泄洪能力低，也不能排沙清淤。加之，库区水土保持跟不上，泥沙淤积日益严重，抗洪能力逐年降低。在此情况下，当全流域洪水暴发后，欲泄不得，欲排不能，致使杨思明、蒋口、阎堡等 11 座大型水库漫顶垮坝。

2.1.1.2 施工方面

1979 年山西省的榆林水库（中型），副坝坝基表层为沙壤土，表层以下为粉质沙土。在修建副坝时，上游未做好防渗处理，下游挖了排水沟，但未做反滤。垮坝前不久，已发现排水沟有严重漏水和脱坡现象，但未采取补救措施，结果副坝前水深仅 3m，就引起坝基严重管涌，造成副坝溃决。1979 年陕西省失事的 15 座小型水库中，属于施工质量差的就有 8 座，占 53.3％，主要问题是土层碾压不实，坝体与坝内埋管和岸坡结合不好。甘肃省庄浪县李家嘴水库 1973 年建成，1974 年 4 月垮坝。该坝建在松散的黄土堆积层上，右岸坝肩下埋有旧瓦窑，坝料掺有腐殖土、冻土块和杂草，夯压不实。施工中及施工后连续发生裂缝，最大裂缝达 30cm。

有的地区发生垮坝事故后，不认真总结经验、吸取教训，仍然忽视施工质量，造成同一水库多次垮坝。如新疆维吾尔自治区阿图什市的文洛克水库，自 1974 年修建以来，发生垮坝事故 5 次，仅在 1979 年就垮坝 2 次。

溢洪道是水库的安全门，在施工顺序上，应先于大坝修好，实际上却颠倒了工序，先修好大坝，再修溢洪道，一旦洪水到来，没有出路，势必造成漫顶垮坝。1973 年甘肃省平凉地区垮了 9 座小型水库，都是因为没有溢洪道。

2.1.1.3 管理方面

（1）因盲目蓄水而造成垮坝。如 1979 年甘肃省敦煌县（现敦煌市）党河水库，汛期违章运行，超量蓄水，忽视防洪安全，片面强调多灌地、多发电，强行超蓄，挤占了防洪库容，又未及时炸开溢洪道进行泄洪，造成洪水漫副坝顶而溃决。1974 年四川省青龙洞、长田青水库，湖北省古塘水库，江西省环溪水库盲目蓄水，超过汛限水位 6m 运行，洪水漫顶失事。

（2）因缺乏管理知识又无准备造成垮坝。如湖南省高岩坝水库及广东省崖子山水库，都是由于管理人员缺乏调度知识，汛前没有准备，洪水到来时，临时挖坝泄洪，造成垮坝事故。

（3）因无专管人员管理造成垮坝。如 1973 年四川省安县（现安州区）团结水库（中型）只有 1 名管理人员，6 月大汛期间调出参加会议，导致出事前水库处于无人看管状态。

（4）因在坝上扒口放水而垮坝。如 1978 年湖南省汉寿县左右冲水库，为了下游灌溉，县领导决定在坝上扒口放水，事后也未堵复，被洪水冲垮。同年新疆维吾尔自治区伽师县的一座小水库，也是因为坝上扒口放水造成垮坝。

2.1.2 自然灾害侵袭

我国地处全球中纬度灾害带和环太平洋灾害带交汇之处，是世界上自然灾害最为严重的国家之一。据联合国减灾科技委员会公布的数据，在近 300 年来死亡人数超过 10 万人的 50 起自然灾害中，发生在中国的竟高达 26 起，累计死亡人数近 1.03 亿人，占全部死亡人数的 68%。

主要自然灾害按成因包括气象灾害、地质灾害、地震灾害、海洋灾害等。每年，我国各地不同季节都会发生气象灾害，平均每年约有 3 亿多人次受灾，经济损失约占到 GDP 的 2% 左右。随着全球变暖，暴雨、洪涝、大风、冰冻等极端气象灾害更是频发，造成大量生命和经济损失。地质灾害方面，我国地势从海拔 8000 多米到海平面有着三大台阶的跨越，沟壑纵横，山势陡峭，滑坡、崩塌、泥石流等地质灾害发生频率高、分布范围广，年均造成损失 50 多亿元人民币。另外，地震灾害是世界上造成人员伤亡和经济损失重大的自然灾害之一，我国地震多发，1976 年唐山大地震、2008 年汶川地震破坏严重，影响深远。而我国的水库大坝多位于地震高烈度地区，距活断层较近。例如大渡河干流规划了 25 个梯级水电站，坝址区基本地震烈度均在 Ⅶ 度以上，人口较密集的城镇和居民点大都分布在河谷两岸，若其中一个大坝发生溃决，容易引发连锁反应，洪水将以排山倒海之势快速涌向下游，后果不堪设想。

2.1.2.1 自然灾害的概念和种类

自然灾害是指由于自然异常变化造成的人员伤亡、财产损失、社会动荡、资源破坏等现象或一系列事件。它的形成必须具备两个条件：①要有自然异变作为诱因；②要有受到损害的人、财产、资源作为承受灾害的客体。地球上的自然变异，包括人类活动诱发的自然变异随时都在发生，当这种变异给人类社会带来危害时，即构成自然灾害。

自然灾害分类是一个很复杂的问题，根据不同的考虑因素可以有许多不同的分类方法。原国家科委全国重大自然灾害综合研究组对我国影响较大的重要自然灾害，按灾害特点、灾害管理和减灾系统划分为七大类：气象灾害、海洋灾害、洪水灾害、地质灾害、地震灾害、农业灾害、林业灾害，见表2.1-1。

表 2.1-1　　　　　　　　　　　　自 然 灾 害 分 类

灾害类型	主 要 灾 种	灾害应对主管部门
气象灾害	暴雨、干旱、寒潮、热带风暴、龙卷风、雷暴、雹灾、大风、干热风、暴风雪、冷害、霜冻等	中国气象局
海洋灾害	风暴潮、海啸、海浪、赤潮、海冰、海水入侵、海平面上升等	国家海洋局
洪水灾害	洪水、雨涝、山洪、融雪洪水、冰凌洪水、溃坝洪水、泥石流洪水等	水利部
地质灾害	崩塌、滑坡、泥石流、地裂缝、塌陷、矿井突水突瓦斯、冻融、地面沉降、土地沙漠化、水土流失、土地盐碱化等	自然资源部
地震灾害	地震及由地震引起的各次生灾害，例如沙土液化、喷沙冒水、城市大火、水库溃坝、决堤、道路桥梁损毁等	国家地震局
农业灾害	农作物病虫害和鼠灾、农业气象灾害、农业环境灾害等	农业农村部
林业灾害	森林病虫害、森林火灾等	国家林业和草原局

自然灾害的孕育和发生涉及多种因素，既有自然作用，也有人类的活动。自然灾害源于自然界的运动和变化，这是自然灾害的自然属性。自然环境包括地球表层的大气圈、水圈、岩石圈、生物圈。大气圈的运动和变化可以引起气象灾害和洪水灾害；水圈的运动和变化可以引起气象灾害和海洋灾害；岩石圈的运动和变化可以引起地质灾害和地震灾害；生物圈的运动和变化可以引起农作物灾害和森林灾害。

人类社会改造自然、改善环境条件的种种努力，在减轻各类自然灾害的同时，还可能会不同程度地损害人类自身生存的环境，甚至还会造成新的灾害。如滥伐森林，过度开垦，会加剧水土流失；盲目围垦，与水争地，会加重洪涝灾害；筑堤防洪，壅高水位，一旦溃决，会加剧洪灾损失；城市建设缺乏科学，大量地表被硬化，阻断了雨水向地下渗透，缩短雨水汇集时间，大大提高城市内涝发生概率；兴修水库，可能发生溃坝洪水和诱发水库地震。

2.1.2.2　我国自然灾害的特点

国务院新闻办公室于2009年5月11日发布的《中国的减灾行动》白皮书概括了我国的自然灾害具有的四个突出特点：

（1）灾害种类多。我国特殊的地理位置、多山的地貌以及强烈的地壳运动，加上处于不稳定的季风环流控制下，是造成多种自然灾害在我国均有发生的根本原因。除现代火山活动外，几乎所有自然灾害都在中国出现过。我国幅员辽阔，地质、地理条件复杂，气候异常多变，环境基础脆弱，经常遭受多种自然灾害的侵袭。主要有：洪涝、干旱、台风、风暴潮、雷暴、雪暴、冰雹、低温冻害、高温热浪、龙卷风、沙尘暴和大风等气象灾害；地震、滑坡、崩塌、泥石流、地表塌陷、地裂缝、地面沉降、海水入侵、荒漠化、盐渍化、水土流失和黄土湿陷等地质灾害；农作物与森林草场的病害、虫灾、鼠害；赤潮和恶性杂草等生物灾害以及森林和草原火灾等。各类灾害中，尤以洪涝、干旱和地震的危害最大。

（2）分布地域广。我国各省（自治区、直辖市）均不同程度受到自然灾害影响，70%以上的城市、50%以上的人口分布在气象、地震、地质、海洋等自然灾害严重的地区。2/3 以上的国土面积受到洪涝灾害威胁。东部、南部沿海地区以及部分内陆省份经常遭受热带气旋侵袭。东北、西北、华北等地区旱灾频发，西南、华南等地的严重干旱时有发生。各省（自治区、直辖市）均发生过 5 级以上的破坏性地震。约占国土面积 69%的山地、高原区域因地质构造复杂，滑坡、泥石流、山体崩塌等地质灾害频繁发生。

（3）发生频率高。我国素有"三岁一饥、六岁一衰、十二岁一荒"之说。据史料统计，我国水旱灾害几乎年年都有，死亡万人以上的灾害 10～20 年出现一次，并且洪涝、干旱灾害的发生频率呈加快趋势。最近 40 多年来，平均每年出现旱灾 7.5 次，洪涝灾害 5.8 次，台风 6.9 次，冷冻灾害 2.5 次，远远超出世界的平均水平。同时，我国一直是世界上地震灾害最严重的国家之一。我国位于欧亚、太平洋及印度洋三大板块交汇地带，新构造运动活跃，地震活动十分频繁，大陆地震占全球陆地破坏性地震的 1/3，是世界上大陆地震最多的国家。另外，我国受季风气候影响十分强烈，气象灾害频繁，局地性或区域性干旱灾害几乎每年都会出现，东部沿海地区平均每年约有 7 个热带气旋登陆。

（4）造成损失重。我国历史上许多重大自然灾害的强度和造成的损失都是举世罕见的。1990—2008 年 19 年间，平均每年因各类自然灾害造成约 3 亿人次受灾，倒塌房屋 300 多万间，紧急转移安置人口 900 多万人次，直接经济损失2000 多亿元人民币。特别是 1998 年发生在长江、松花江和嫩江流域的特大洪涝灾害，2006 年发生在四川、重庆的特大干旱灾害，2007 年发生在淮河流域的特大洪涝灾害，2008 年发生在我国南方地区的特大低温雨雪冰冻灾害，以及 2008年 5 月 12 日发生在四川、甘肃、陕西等地的汶川特大地震灾害等，均造成重大损失。

许多自然灾害，特别是等级高、强度大的自然灾害发生以后，常常诱发一连串的其他灾害接连发生，这种现象叫灾害链。灾害链中最早发生的起作用的灾害称为原生灾害；而由原生灾害所诱导出来的灾害则称为次生灾害。自然灾害发生之后，破坏了人类生存的和谐条件，由此还可以衍生一系列其他灾害，这些灾害泛称为衍生灾害。

2.1.2.3 自然灾害对水利水电设施的影响

自然灾害是目前引发水利水电设施险情的最为主要的，也是最为常见的因素，目前水利水电设施的险情大部分是由自然灾害引发的。自然灾害种类繁多，尤以气象灾害、洪水灾害、地质灾害和地震灾害对水利水电设施的影响最大。

1. 气象灾害对水利水电设施的影响

气象灾害对水利水电设施的影响主要体现在对其外部环境的改变，主要表现在以下几个方面：

（1）局地突发性强降水的影响。在全球变暖大背景下，极端天气气候事件频繁发生。一般水库坝址多选在峡谷、河谷等处，一旦出现局地突发性强降水，极易因泄洪不及时导致厂房淹没、设备毁坏以及溃坝、冲毁沟渠等危害。若出现极端大范围洪涝灾害，水库库容极易陡增漫过排洪口，发生管涌、泄漏、水库决堤等危害，影响到水利设施的安全运行，威胁下游人民的生命财产安全。

（2）极端低温使得工程材料的抗冻融指标出现不足，从而引发严重的破坏。1970年，在我国江西省上犹县境内，由于寒潮袭击，2天内降温21.4℃，溢流坝段闸墩溢流面附近产生近3MPa的拉应力，导致闸墩附近混凝土开裂。2008年年初，我国南方地区遭遇的历史罕见的低温、雨雪和冰冻灾害对水利行业的民生工程造成重大破坏。根据公开报道进行不完全统计，仅湖南、贵州、四川、广西、湖北、重庆的水利设施的直接经济损失就合计达58.7亿元，占民政部公布的全国1111亿元直接经济损失的5.3%。

（3）持续干旱高温导致水利工程的应力变化和趋势性变形。持续干旱高温会引起混凝土内部水分散失，使得混凝土体积干燥收缩，当混凝土干燥收缩受到某种约束时，将导致混凝土表面开裂。这种现象在一些薄壁水利工程上表现得尤为突出。对淮河入海水道滨海枢纽工程闸墩的检查结果表明，由于干旱使得该工程出现较多的温度与干缩裂缝，在25～30m的分段内，裂缝平均出现3～5条，最多的达10多条，裂缝宽度一般为0.2～0.4 mm，直接影响到钢筋的锈蚀和工程的耐久性。

（4）江河径流量减少和海平面上升导致的沿海和河口地区水体盐度及导电率增加，大气中SO_2等酸性气体含量增高等对水利工程的腐蚀破坏。此外，气候变暖，干旱少水，使得河口地区的含盐度增加，腐蚀的强度加大。我国受酸雨影响的地区已占国土面积的30%，CO_2浓度的增加也将进一步增加我国酸雨影响的范围和强度。据1998—2001年的资料统计，腐蚀导致的年经济损失约5000亿元，占我国同期GDP的6%左右。

（5）产生滑坡、泥石流等衍生灾害。对于山高坡陡的地区，强降水易引发山洪、滑坡、泥石流、山体崩塌等地质灾害，直接影响到水库、沟渠等水利基础设施的安全。此外，暴风等引起的巨浪可能导致漫坝、冲毁防浪墙或导致滑坡等破坏，从而威胁大坝安全。

2. 洪水灾害对水利水电设施的影响

洪水就是河流、湖泊、沼泽和人工水库等地表水体所含的水量超过多年平均水量的一种水流现象。洪水灾害对水利水电设施的影响主要是产生淹没、漫溢、渗漏、滑坡、坍塌、崩岸、裂缝、淘刷、管涌，甚至是冲毁等险情。

国际大坝委员会"关于水坝和水库恶化"小组委员会记录了 1100 座大坝失事事例。根据 1950—1975 年大坝失事概率和成因分析，得出主要结论为：世界范围内 30% 左右的大坝失事是由于遭遇特大洪水、设计洪水偏低和泄洪设备失灵，从而引起洪水漫顶而失事。1975 年 8 月河南洪汝河流域遭遇超标准洪水，垮坝 62 座，其中大型水库 2 座（板桥、石漫滩），中型水库 2 座（田岗、竹沟），小型水库 58 座。板桥、石漫滩 2 座水库遭遇的暴雨均相当于推算的万年一遇降水量 552mm 的 1.8～1.9 倍。1963 年 8 月，河北省西南部遭遇了特大暴雨，5 座中型水库垮坝，3 日暴雨为原水库 3 日校核暴雨的 1.4～2.8 倍。1978 年全国共有 108 座中小型水库垮坝，因洪水超过设计标准造成垮坝的有 24 座，占 22.3%。陕西省榆林地区清涧县宁寨河 4h 降雨 540mm，因暴雨特别集中，全地区共垮小型水库 12 座。1979 年四川省垫江县（现属重庆市）的龙洞沟、观音岩、先锋和青龙 4 座小水库，都是因为遇到过当时历史的大洪水造成垮坝的。

洪水除了由于暴雨而产生，还包括山洪、泥石流、溃坝洪水、融雪洪水、冰凌洪水以及其他洪水。

3. 地质灾害对水利水电设施的影响

地质灾害的发生一方面是自然原因导致的，比如：特大洪水、地震等，另一方面是人为因素，比如随便开挖、维护不到位、预防措施不完善等。地质灾害对水利工程会造成极大危害，对于库区而言，危害性最大的就是滑坡地质灾害，有可能造成库水漫堤、航道阻塞、坝体垮塌等。如江西玉山县七一水库，1972 年由于库水位骤降，坝身质量差，发生两处大滑坡，其长度约占坝长的 1/3；总滑坡方量近 50 万 m^3，约占坝体总方量的 1/7。由于当时水库蓄水较小，未造成垮坝事故。山西省文水县峪文河水库，1960 年 8 月 7 日，在施工期间，由于局部排水失效、水中填土速度较快而发生滑坡，其长度 143 m，土方量 11.8 万 m^3，因为未蓄水，没有造成水库失事。

此外，潜在的地质作用也可能对水利水电设施造成破坏失事。环境地质对水利工程的影响主要有滑坡、泥石流、沉降、坍塌、砂土液化等，甚至还能造成沼泽、盐渍等问题。如 1979 年湖南省益阳县（现益阳市赫山区）松塘水库，因坝基深层岩溶塌陷造成垮坝失事。

4. 地震灾害对水利水电设施的影响

地震对水利水电设施的影响主要包括裂缝、渗漏、滑坡、沉陷、变形、建筑物及附属设施破坏等。

我国发生多次强烈地震，在震区的土坝，多发生不同形式和部位的裂缝、坍滑、坝基坍陷、喷砂冒水和坝顶建筑物的破坏等。1976 年唐山大地震，位于唐山市开平区的陡河水库大坝发生严重震害，大坝坝身出现 100 多条宽度大且较长的纵、横向裂缝，坝顶也有显著的沉降及向下游的位移，专家研究，砂土地基液化是主要诱因，并且不同地基条件下，震害程度亦不尽相同。同样是唐山大地震中，处于地震Ⅵ度烈度区，位于北京、距离震中约 140km 的密云水库黏土斜墙坝发生险情，也成为北京市唯一一座震害严重的水库大坝，地震后上游坝坡出现了大面积的滑坡，塌陷量达 15 万 m³。2008 年汶川大地震，距离震中仅 17km 的紫坪铺水利枢纽震害严重，混凝土面板堆石坝坝体变形、震陷、开裂，局部护坡发生松动，护栏倒塌，面板部分有垂直缝挤压破坏、隆起，有关专家对其震害原因进行分析，认为面板堆石坝这一坝体结构形式存在一定特殊性和代表性，在今后的大坝设计中应该吸取教训、弥补不足。同样是汶川地震，距绵竹市汉王镇约 1km 的官宋硼水闸，距离震中约 40km，震害严重。水闸排架混凝土横梁破坏严重，立柱倾斜、柱脚开裂，两岸边闸墩变形大，影响了闸门开启。

2.1.3　战争与恐怖袭击对水利水电设施的影响

水库大坝作为一种古老的水工建筑物由于其遭袭带来的巨大次生破坏效应，历来都是战争双方袭击的重要目标。现代的很多水库又兼备发电、蓄水防洪、城市供水、航运交通等多种功能，是支持正常社会生产的重要经济目标，在战争中攻防双方都格外关注。开河放水、筑坝引水，将水攻作为战争手段使用，在我国几千年的历史中已经屡见不鲜，甚至已经上升为军事理论。在国外，18世纪工业革命的发展、城市的兴起以及科技的发展促使了水库和大坝建设的迅猛发展，自此，水库大坝更加成了战争中攻防的重要目标。

在我国历史上利用水攻的战争很多，有代表性的水攻战例见表 2.1 - 2。

表 2.1 - 2　　　　　　　我国历史上有代表性的水攻战例

公元纪年	历史纪年	概　　况
前 512 年	鲁昭公三十年	吴国筑坝壅水灌徐城，灭徐国
前 279 年	秦昭襄王二十八年	秦将白起攻楚，在夷水筑坝灌鄢城
前 203 年	汉高祖四年	韩信在潍水筑坝拦水，楚军渡水，泄水破楚军
230 年	三国吴黄龙二年	吴国在安徽巢湖筑东兴塘壅水阻魏军

续表

公元纪年	历史纪年	概　况
421 年	南朝宋永初二年	沮渠蒙逊攻李恂，筑坝引党河水灌敦煌城，城降
514 年	南朝梁天监十三年	梁在淮水筑浮山堰灌寿阳（今寿县），城淹堰溃，死数万人
529 年	梁大通三年	东魏在洙水筑坝灌瑕丘城（今兖州西），城降
535 年	梁大同元年	梁攻东魏在泗水筑汇灌彭城，未成
969 年	宋开宝二年	宋太祖攻太原，筑坝壅汾、晋二水灌城
1938 年	民国 27 年	国民党掘开黄河花园口，阻止日军追击，死亡 89 万人

国外的水库大坝遭到战争的破坏，以第二次世界大战最为典型。这里选取较为典型的 20 世纪 30 年代至今的炸坝事例，见表 2.1-3。

表 2.1-3　　　　　　　国外 20 世纪 30 年代至今的炸坝事件

坝　名	国家	坝型	坝高/m	坝长/m	破坏日期	破坏方
Ordunte	西班牙	重力坝	56	376	1937 年 7 月	佛朗哥军队
Dnieper	乌克兰	重力坝	61	761	1941 年 9 月	苏联
					1943 年 9 月	德国
Mohne	德国	重力坝	40.3	650	1943 年 5 月	英国
Edor	德国	重力坝	48	400	1943 年 5 月	英国
Sorpe	德国	堰	27	170	1944 年 10 月	英国
Schwammenuauel	德国	土石坝	52	350	1945 年 4 月	美国
Urft（1）	德国	重力坝	58	226	1944 年 12 月	美国
Urft（2）					1945 年 2 月	德国
Hwacheon	朝鲜	重力坝	81	—	1951 年 5 月	联合国军
Chasan	朝鲜	土石坝	—	730	1953 年 5 月	联合国军
Toksan	朝鲜	土石坝	—	760	1953 年 5 月	联合国军
Rastan	叙利亚	堆石坝	67	475	1973 年 10 月	以色列
Calueque	安哥拉	土石坝	13	2000	1988 年 6 月	内战
Peruca	克罗地亚	堆石坝	65	450	1993 年 1 月	塞族武装

大坝一旦因战争受袭而垮坝溃坝失事，不仅工程毁坏，而且会对下游地区经济建设和人民生命造成毁灭性的灾害。我国古代规模最大、危害最严重的事例发生在 514 年南北朝时期（天监十三年），梁武帝在淮河的浮山峡（今皖、苏交界处）修筑浮山堰壅水淹灌上游被北魏军占领的寿阳城（今安徽寿县）坝长九里（我国古制）坝高 30～32m，工程量浩大，多次劳而无功，无法在一个枯水季内筑成，最后采用沉铁和用木框填石，倾全力建成。但在淹城之后仅存 4

个月，被一场洪水冲垮，大量库水直泻而下"其声若雷，闻三百里"，淹死了下游 10 多万梁国百姓，十分凄惨。古代农业生产水平低下，并无建造高坝水库的需要，大坝和水库是因战争的需要而建造的。所以，其无论在规模上还是在破坏后带来的次生灾害上，和今天的大坝和水库都是无法相比的。

从表 2.1-3 中大坝的相关数据可以看出，现代大坝规模巨大，在坝高、坝长、库容等方面已经和过去的筑坝壅水不可同日而语，相对应地，这些大坝或水库受到破坏以后造成的损失也更加巨大。1943 年 5 月 17 日，英军以歼击机开道，用多架战略轰炸机分别携带一枚 6t 的特制重型炸弹，对敏尼（Mohne）坝进行空袭，将炸弹投入坝前水库内实施深水爆炸袭击。当第 5 枚炸弹投下后，坝体上部炸开一个宽 77m、深 22m 的缺口，约有 1.12 亿 m^3 的库水在 6h 内泄空，最大溃坝流量约为 8800m^3/s。大坝炸毁后，不仅造成坝后电站厂房被冲毁，另在下游地区有 7 座壅水建筑物、25 座水利工程遭受破坏，下游 50km 范围内的 4 座铁路桥、11 座公路桥和 20km 长的双轨铁路和 2 座车站也遭到破坏，溃坝洪水淹死约 1200 人。整个城市工业用水和生活供水停顿，经济损失非常严重。

2001 年发生在美国的"9·11"事件，改变和丰富了传统意义上的恐怖袭击方式。2014 年 8 月，伊拉克极端武装占领摩苏尔大坝，直接威胁伊拉克首都巴格达和下游供水、供电安全，造成极大恐慌。恐怖分子借此增加与伊拉克政府谈判的筹码。另外，一旦发生恐怖分子劫持上千吨甚至上万吨的船只对大坝进行冲击、爆炸和燃爆，不仅会对大坝本身造成损害，由此引发的停水、停电，溃坝洪水灾害等造成的损失不可估量。

2.2 江河堤防险情

在水利工程的抗旱防洪体系中，江河堤防是防治洪水侵袭的主要挡水建筑物，在保护人们生命与财产安全中，占据着重要的地位。我国大部分堤防是由群众就地取土，在历史老堤的基础上修筑而成，由于施工接头多、地质条件差、延伸距离长、薄弱环节多，洪水期间极易发生渗水、管涌、裂缝、漏洞、跌窝、漫溢、崩岸、滑坡、风浪、决口等各种险情。因此，为切实保障水利堤防的安全，最大程度地发挥防洪作用，需要掌握堤防存在的险情类别及其主要成因。

2.2.1 渗水险情

渗水也叫散浸或洇水，是指高水位下浸润线抬高，背水坡出逸点高出地面，引起土体湿润或发软，有水逸出的现象，见图 2.2-1。渗水险情是堤防较常见的险情之一，如不及时抢护，有可能发展为管涌、滑坡或漏洞等险情。

2.2.1.1 渗水险情的成因

（1）超警戒水位持续时间长。

（2）堤防断面尺寸不足。

（3）堤身填土含沙量大，临水坡
又无防渗斜墙或其他有效控制渗流的
工程措施。

（4）由于历史原因，堤防多为民
工挑土而筑，填土质量差，没有正规
的碾压，有的填筑时含有冻土、团块
和其他杂物，夯实不够等。

图 2.2 - 1　渗水

（5）堤防的历年培修，使堤内有明显的新老结合面存在。

（6）堤身隐患，如蚁穴、蛇洞、暗沟、易腐烂物、树根等。

2.2.1.2 渗水险情的判别

渗水险情的严重程度可以从渗水量、出逸点高度和渗水的浑浊情况等方面
加以判别、区分。

（1）堤背水坡严重渗水或渗水已开始冲刷堤坡，使渗水变浑浊，有发生流
土的可能，证明险情正在恶化，必须及时进行处理，防止险情的进一步扩大。

（2）渗水是清水，但如果出逸点较高（黏性土堤防不能高于堤坡的1/3，而
对于沙性土堤防，一般不允许堤身渗水），易产生堤背水坡滑坡、漏洞及陷坑等
险情，也要及时处理。

（3）因堤防浸水时间长，在堤背水坡出现渗水。渗水出逸点位于堤脚附近，
为少量清水，经观察并无发展，同时水情预报水位不再上涨或上涨不大时，可
加强观察，注意险情的变化，暂不处理。

（4）其他原因引起的渗水。通常与险情无关，如堤背水坡江水位以上出现
渗水，系由雨水、积水排出造成。许多渗水的恶化都与雨水的作用关系甚密，
特别是填土不密实的堤段。在降雨过程中应密切注意渗水的发展，该类渗水易
引起堤身凹陷，从而使一般渗水险情转化为重大险情。

2.2.2　管涌险情

管涌是在渗透水流作用下，无黏性土或黏性很小的土体中的细颗粒通过粗
大颗粒间的孔隙发生移动或者被逐渐冲走的现象，见图 2.2 - 2。

若堤防地基为单层结构，即黏性土或壤土层，当渗透水压力增大，使堤防
背水堤脚附近局部土体表面隆起裂缝或大块土体移动，而随渗流水流失，这种
现象称为流土。管涌、流土一般多发生在堤防背水坡脚附近的地面上。管涌多
呈孔状出水口，冒出细沙或黏土粒。出水口孔径小的如蚁穴，大的可达几十厘

米，少则出现一两个，多则出现孔群，冒沙处形成"沙环"，所以也称"翻沙鼓水"或"泡泉"。流土出现土块隆起、膨胀、断裂或浮动等现象，也称"牛皮胀"。但在实际抢险中没有区分，把这两者统称为管涌。

管涌一般发生在堤坝背水侧堤脚附近地面或较远的坑塘洼地。距堤脚越近，其危害性就越大。随着江河水位上升，高水位持续时间的增长，特别是在上部弱透水层较薄处或人为破

图 2.2 - 2　管涌

坏，管涌险情就容易出现，涌水量和挟沙量相应增多，就有可能导致堤基形成渗水通道，造成堤身表面局部塌陷。如抢护不及时，严重者有决堤的危险。

2.2.2.1　管涌险情的成因

（1）堤防位于砂质基础地区，透水能力较强。

（2）施工时清基不彻底，未能截断堤防下的渗流。

（3）上游天然铺盖等防渗设施遭到天然或人为因素的破坏。

（4）下游取土过近、过深，导致渗透坡降增大等。

2.2.2.2　管涌险情的判别

对于管涌险情，可以通过以下情况进行判别：

（1）出现管涌的位置距离堤坝越近，那么就说明管涌险情越严重，特别是在距离堤坝 15 倍水位的范围内是最危险的，超出这个范围危险系数就相应减少。

（2）管涌险情如果出现在坑塘之中，那么水面上会翻出含泥的水花，具体深度可以潜水勘察，并查看管涌口是否已经形成了沙环。

（3）一般发生在农田中的管涌，都会形成管涌群，会出现类似"煮粥"翻滚的情况，如果涌出来的是清水，那么情况还算比较稳定，可以暂时不进行处理，但是要时刻进行观察，并准备还相关的抢险物资。

（4）若管涌点距离堤坝的位置比较远，但是范围却越来越大，带出的泥沙也越来越多，这种情况比较严重，应该及时进行抢险。

（5）如果背水坡出现了裂痕或者鼓包，应当引起重视，这可能是出现管涌的前兆。

2.2.3　裂缝险情

裂缝是堤防工程常见的一种险情，由于它的存在，洪水或雨水易于入侵堤身，常会引起其他险情，尤其是横向裂缝，往往会造成堤身土体的渗透破坏，

甚至更严重的后果见图 2.2-3。因此，必须引起重视。

图 2.2-3　裂缝

按裂缝产生的成因可分为不均匀沉陷裂缝、滑坡裂缝、干缩裂缝、冰冻裂缝、振动裂缝。其中，滑坡裂缝是比较危险的。

按裂缝出现的部位可分为表面裂缝、内部裂缝。表面裂缝容易引起人们的注意，可及时处理。而内部裂缝是隐蔽的，不易发现，往往危害更大。

按裂缝走向可分为横向、纵向和龟纹裂缝。其中横向裂缝比较危险，特别是贯穿性横缝，是渗流的通道，属重大险情。

2.2.3.1　裂缝险情的成因

（1）不均匀沉降。堤防基础地质条件差别大，有局部软土层，或堤身填筑厚度相差悬殊，引起不均匀沉陷，产生裂缝。

（2）施工质量差。堤防施工时上游堤土料为黏性土且含水量较大，失水后引起干缩或龟裂，这种裂缝多为表面裂缝或深层裂缝，但北方干旱地区的堤防也有较深的干缩裂缝。筑堤时，填筑土料夹有淤土块、冻土块、硬土块，碾压不实，以及新老堤结合面未处理好，遇水浸泡饱和时，易出现各种裂缝，黄河一带甚至出现蛰裂。堤防与交叉建筑物接合部处理不好，在不均匀沉陷以及渗水作用下，易引起裂缝。

（3）堤身存在隐患。害堤动物如白蚁、獾、狐、鼠等的洞穴，人类活动造成的洞穴如坟墓、藏物洞、军沟战壕等，在渗流作用下，可引起局部沉陷产生裂缝。

（4）水流作用。背水坡在高水位渗流作用下，由于抗剪强度降低，临水坡水位骤降或堤脚被掏空，常可能引起弧形滑坡裂缝，特别是背水坡堤脚有坑塘、堤脚发软时，容易发生。

（5）振动及其他影响。如地震、爆炸或附近爆破造成堤防基础或堤身沙土液化，引起裂缝；背水坡碾压不实，暴雨后堤防局部也有可能出现裂缝。

2.2.3.2　裂缝险情的判别

裂缝抢险，首先要进行险情判别，分析其严重程度，先要分析判断产生裂缝的原因，是滑坡性裂缝，还是不均匀沉降引起；是施工质量差造成，还是由振动引起。而后要判明裂缝的走向，是横缝还是纵缝。对于纵缝应分析判断是否是滑坡或崩岸性裂缝。如果是横缝要判别探明是否贯穿堤身。如果是局部沉降裂缝，应判别是否伴随有管涌或漏洞。此外还应判断是深层裂缝还是浅层裂缝，必要时还应辅以隐患检测仪进行检测。最后根据裂缝的性质采取对应的措施。

2.2.4 漏洞险情

漏洞是指在汛期高水位情况下，洞口出现在背水坡或背水坡脚附近的横贯堤身的渗流孔洞，见图2.2-4。

图2.2-4 漏洞

2.2.4.1 漏洞险情的成因

（1）填筑质量差。施工时，土料含沙量大、有机质多、碾压不实、分段填筑接头未处理好，均属质量差，造成局部土质不符合要求，在上下游水头差作用下形成渗流通道。

（2）沉陷不均。地基产生不均匀沉陷，将会在堤坝中产生贯穿性横向裂缝，进而形成渗漏通道。

（3）堤基渗漏。堤基为砂基，覆盖层太薄或附近有坑塘等薄弱段，而发生渗水漏洞。

（4）内部隐患。白蚁、獾、鼠等动物在堤坝中筑巢打洞。其中，特别是白蚁对堤坝破坏最严重。

（5）堤身内有已腐烂树根或在抢险和筑堤时所用木料、草袋等腐烂未清除或清除不彻底等。

（6）与建筑物结合部位薄弱如沿堤坝修建闸站等建筑物时，在其与土堤结合处，由于填压质量差，在高水位时浸泡渗水，水流集中，汇合出流，当流速冲动泥土，而细小颗粒被带出，从而导致漏洞的形成。

（7）散浸、管涌、流土等险情抢护不及时或处理不当，由量变到质变而演变成漏洞。

（8）其他。如基础处理不彻底，背水坡无反滤设施或反滤设施标准较低等。

2.2.4.2 漏洞险情的判别

漏洞的出口一般发生在背水坡或堤脚附近，其主要表现形式有以下几个方面：

（1）漏洞开始因漏水量小，堤土很少被冲动，所以漏水较清，叫作清水漏洞。此情况的产生一般伴有渗水的发生，初期易被忽视。但只要查险仔细，就会发现漏洞周围"渗水"的水量较其他地方大，应引起特别重视。

（2）漏洞一旦形成后，出水量明显增加，且渗出的水多为浑水，因而湖北等地形象地称之为"浑水洞"。漏洞形成后，洞内形成一股集中水流，漏洞扩大迅速。由于洞内土的崩解、冲刷，出水水流时清时浑，时大时小。

（3）漏洞险情的另一个表现特征是水深较浅时，漏洞进水口的水面上往往会形成漩涡，所以在背水侧查险发现渗水点时，应立即到临水侧查看是否有漩涡产生。

抢护漏洞，首先要迅速检测漏洞的进口位置和大小，进而决定处理措施。漏洞的检测常用的方法有示踪法、探漏法等简易器材方法和电探、电磁法等内部检测方法（详见第4章）。

2.2.5　跌窝险情

跌窝（又称陷坑，见图2.2-5）是指在雨中或雨后，或者在持续高水位情况下，在堤身及坡脚附近局部土体突然下陷而形成的险情。这种险情不但破坏堤防断面的完整性，而且缩短渗径，增大渗透破坏力，有的还可能降低堤坡阻滑力，引起堤防滑坡，对堤防的安全极为不利。特别严重的，随着跌窝的发展，渗水的侵入，或伴随渗水管涌的出现，或伴随滑坡的发生，可能会导致堤防突然溃口的重大险情。

图2.2-5　跌窝

2.2.5.1　跌窝险情的成因

（1）堤防隐患。堤身或堤基内有空洞，在汛期经高水位浸泡或雨水淋浸，空洞周边土体变得湿软，成拱能力降低，塌落形成跌窝。

（2）堤身质量差。在筑堤施工中，没有进行认真清基或清基处理不彻底，堤防施工分段接头部位处理不当，土块架空、回填碾压不实，堤身填筑料混杂和碾压不实，堤内穿堤建筑物破坏或土石结合部渗水等，都会造成堤身经洪水或雨水的浸泡冲蚀而形成跌窝。

（3）渗透破坏。堤防渗水、管涌、接触冲刷、漏洞等险情未能及时发现和处理，或处理不当，造成堤身内部淘刷。随着渗透破坏作用的发展扩大，土体逐渐塌陷，导致跌窝形成。

2.2.5.2　跌窝险情的判别

（1）根据成因判别。由于渗透变形而形成的跌窝往往伴随渗透破坏，极可能导致漏洞，如抢护不及时，就会导致堤防决口，必须作重大险情处理。其他原因形成的跌窝，是个别不连通的陷洞，还应根据其大小、发展趋势和位置分别判断其危险程度。

（2）根据发展趋势判别。有些跌窝发生后会持续发展，由小到大，最终导致瞬时溃堤。因此，持续发展的跌窝必须慎重对待，及时抢护。否则，后果将是非常严重的。有些跌窝发生后不再发展并趋于稳定状态，其危险程度还应通过其大小和位置进行判别。

（3）根据跌窝的大小判别。跌窝大小不同对堤防安危程度的影响也不同，直径小于 0.5m，深度小于 1.0m 的小跌窝，一般只破坏堤防断面轮廓的完整性，而不会危及堤防的安全。跌窝较大时，就会削弱堤防强度，危及堤防的安全。当跌窝很大且很深时，堤防将至失稳状态，伴随而来的可能是滑坡，这是很危险的。

（4）根据跌窝位置判别险情。临（背）水坡较大的跌窝可能造成临（背）水坡滑坡险情，或减小渗径，可能造成漏洞或背水坡渗透破坏。堤顶跌窝降低部分堤顶高度，削弱堤顶宽度。对于堤顶较大跌窝，将会降低防洪标准，引起堤顶漫溢的危险。

2.2.6　漫溢险情

实际洪水位超过现有堤顶高程，或风浪翻过堤顶，洪水漫堤进入堤内即为漫溢（见图 2.2－6）。通常，土堤是不允许堤身过水的。一旦发生漫溢的重大险情，就会很快引起堤防的溃决。因此，在汛期应采取紧急措施防止漫溢的发生。

2.2.6.1　漫溢险情的成因

（1）实际发生的洪水超过了河道的设计标准。设计标准一般是准确而具权威性的，但也可能因为水文资料不够，代表性不足或由于认识上的原因，使设计标准定得偏低，形成漫溢的可能。这种超标准洪水的发生属非常情况。

图 2.2－6　漫溢

（2）堤防本身未达到设计标准。这可能是投入不足，堤顶未达设计高程，也可能因地基软弱、夯填不实、沉陷过大，使堤顶高程低于设计值。

（3）河道严重淤积、过洪断面减小并对上游产生顶托，使淤积河段及其上游河段洪水位升高。

（4）因河道上人为建筑物阻水或盲目围垦，减少了过洪断面，河滩种植增加了糙率，影响了泄洪能力，洪水位增高。

（5）防浪墙高度不足，波浪翻越堤顶。

（6）河势的变化、潮汐顶托以及地震引起水位增高。

2.2.6.2　漫溢险情的判别

对已达防洪标准的堤防，当水位已接近或超过设计水位时以及对尚未达到防洪标准的堤防，当水位已接近堤顶，仅留有安全超高富余时，应运用一切手段，适时收集水文、气象信息，进行水文预报和气象预报，分析判断更大洪水到来的可能性以及水位可能上涨的程度。为防止洪水可能的漫溢溃决，应根据准确的预报和河道的实际情况，在更大洪峰到来之前抓紧时机，尽全力在堤顶临水侧部位抢筑子埝。

一般根据上游水文站的水文预报，通过洪水演进计算的洪水位准确度较高。没有水文站的流域，可通过上游雨量站网的降雨资料，进行产汇流计算和洪水演进计算，作洪峰和汇流时间的预报。目前气象预报已具有了相当高的准确程度，能够估计洪水发展的趋势，从宏观上提供加筑子埝的决策依据。

大江大河平原地区行洪需历经一定时段，这为决策和抢筑子埝提供了宝贵的时间，而山区性河流汇流时间就短得多，抢护更为困难。

2.2.7 崩岸险情

天然江河岸坡或洪漫滩地的崩塌破坏（简称崩岸，见图2.2-7）是一种危害性较大的自然灾害现象，几乎全世界各大江河均存在这种现象，我国长江中下游崩岸现象尤为严重。

图2.2-7 崩岸

2.2.7.1 崩岸险情的成因

崩岸属水土结合的土坡失稳破坏，也是河床演变的一种表现形式，类型多样，影响因素众多，成因机理十分复杂。影响崩岸的主要因素是自然因素和人为因素，包括岸坡地质、河道地形、水文气象、人类活动等方面的因素。根据以往崩岸灾害事例的调查结果，按河道特性、堤防坡面特性、灾害形态等要素可将崩岸发生原因分为以下3类：

（1）侧部侵蚀。河道拐弯时形成的水冲部位由于直接的水流冲击而发生侵蚀、蛇行弯曲时，由于离心力所产生的二次流的作用在外侧河岸部位发生侵蚀，而直线河道地段也会在护岸的不连续部位或河床沉积物的变化部位，由于流沙的非平衡状态的出现而发生侵蚀。另外，大洪水时侧岸的冲刷力增大，或者水位超出护坡之上都可引起侧部侵蚀。由于侵蚀造成河岸下部土体流失，最终引起崩岸。

（2）深部侵蚀。河堤坡面即使采用了护坡进行保护，堤脚部的局部性河床低下也引起护坡基础埋深不足，而导致护坡内部的土体从基础下部流失，出现掏空现象造成崩岸。对自然河岸来说，当上部地层是固结程度较高的黏性土，而坡脚地层是较为松散的砂土时，也会造成掏空而引起河岸崩垮。在河床变动比较频繁的地段，深部侵蚀也多与流向变化所引起的二次流有关。

（3）局部侵蚀。主要发生在构筑物与河堤的接触部位，比如在护岸的前后沿，具有河床落差的堰体的下游部位，桥台与河堤的接触部位等，是由于水流发生紊乱而产生的冲刷作用造成的。

另外，河床内砂砾的乱采、乱挖等人为活动，也会造成流沙产生非平衡状态而引起对河岸的侵蚀作用。

2.2.7.2 崩岸险情的判别

依据长江中下游崩岸实例，可将崩岸类型划分为侵蚀型、坍塌型、滑移型和流滑型4种。

（1）侵蚀型崩岸。岸坡未形成大规模崩塌，仅表层土受到侵蚀并出现剥落，这种崩塌俗称洗崩。在长期侵蚀积累下，岸坡形态虽有一定改变，但稳定性尚好，岸线缓慢后退。在天然江河中普遍存在，其关键性影响因素是岸坡土体组成和侵蚀外力。

（2）坍塌型崩岸。岸坡大块土体分多次倾倒、塌落或崩解，塌落土块垂直位移远大于水平推移，岸坡呈现渐进式破坏，形成与岸线平行的长距离条带状崩塌（俗称条崩），或形成向岸坡内侧楔入的半圆形或马蹄形崩塌（俗称窝崩）。条崩长度在数十米至数千米之间，深度也达几十米；窝崩长度和深度相当，少则数十米，多则几百米，最终塌落土体体积可达数十万立方米，甚至上百万立方米。崩岸规模较大，发生频率高，大多出现在退水期或枯水期，冲刷强度大、抗冲性差、洪枯水位落差大的岸坡较容易发生，长江以中游居多。其关键性影响因素是岸坡土体组成、河道水流动力、岸坡局部地形以及地下水渗流。

（3）滑移型崩岸。岸坡大面积土体整体滑动后形成崩塌，破坏土体水平位移大于垂直位移。崩塌虽然可能会间歇地多次出现，但均具有突然性。土体破坏形式既有线状也有窝状，以窝状居多。崩岸虽然发生频率低，但规模巨大且突发性强，会出现数十万立方米甚至上百万立方米的土体整体崩塌破坏，大多出现在退水期或枯水期，长江中下游均有实例。其关键性影响因素是岸坡土体组成，地下水渗流和降雨是重要的诱导因素。

（4）流滑型崩岸。岸坡土体在水流剧烈冲刷下断断续续地发生崩落，土体破坏形式一般为窝状，某种程度上与坍塌型崩岸相似。主要区别是坍塌型崩岸是在冲刷过程中出现的崩塌破坏，而流滑型崩岸是冲刷形成高大陡坡后出现的崩塌破坏。事实上，许多坡比大于 1∶2.5 的缓坡同样会出现流滑型崩岸。崩岸规模较大，发生频率高，大多出现在高水期，在长江以下游水深流急的岸段居多。其关键性影响因素是河道水流动力和岸坡土体组成，而人工采砂等人类活动可能是重要的诱导因素。

2.2.8　滑坡险情

堤防滑坡俗称脱坡（图 2.2－8），是由于边坡失稳下滑造成的险情。堤防滑坡通常先由裂缝开始，如能及时发现并采取适当措施处理，则其危害往往可以减轻。否则，一旦出现大的滑动，就将造成重大损失。

图 2.2－8　滑坡

2.2.8.1　滑坡险情的成因

堤防滑坡按出现的位置可分为临水面滑坡和背水面滑坡，其产生的原因有所不同。

（1）临水面滑坡的主要原因。

1）堤脚滩地迎流顶冲坍塌，崩岸逼近堤脚，堤脚失稳引起滑坡。

2）水位消退时，堤身饱水，容重增加，在渗流作用下，使堤坡滑动力加大，抗滑力减小，导致堤坡失去平衡而滑坡。

3）汛期风流冲毁护坡，浸蚀堤身引起局部滑坡。

（2）背水面滑坡的主要原因。

1）堤身渗水饱和而引起滑坡。

2）遭遇暴雨或长期降雨而引起滑坡。

3）堤脚失去支撑而引起滑坡。

2.2.8.2　滑坡险情的判别

（1）堤顶与堤坡出现纵向裂缝。汛期一旦发现堤顶或堤坡出现了与堤轴线平行而较长的纵向裂缝时，必须引起高度警惕，仔细观察。出现下列情况时，发生滑坡的可能性很大：裂缝左右两侧出现明显的高差，其中位于离堤中心远的一侧低，而靠近堤中心的一侧高；裂缝开度继续增大；裂缝的尾部走向出现了明显的向下弯曲的趋势；从发现第一条裂缝起，在几天之内与该裂缝平行的方向相继出现数道裂缝；发现裂缝两侧土体明显湿润，甚至发现裂缝中渗水。

（2）堤脚处地面变形异常。当发现堤脚下或堤脚附近出现下列情况，预示着可能发生滑坡：堤脚下或堤脚下某一范围隆起。可以在堤脚或离堤脚一定距离处打一排或两排木桩，测这些木桩的高程或水平位移来判断堤脚处隆起和水平位移量。堤脚下某一范围内明显潮湿，变软发泡。

（3）临水坡前滩地崩岸逼近堤脚。汛期或退水期，堤防前滩地在河水的冲刷、涨落作用下，常常发生崩岸。当崩岸逼近堤脚时，堤脚的坡度变陡，压重减小。这种情况一旦出现，极易引起滑坡。

（4）临水坡坡面防护设施失效。汛期洪水位较高，风浪大，对临水坡坡面冲击较大。一旦某一坡面处的防护被毁，风浪直接冲刷堤身，使堤身土体流失，发展到一定程度也会引起局部的滑坡。

2.2.9 风浪险情

汛期高水位时风浪（见图 2.2-9）对未设护坡或护坡薄弱的土堤冲蚀强，尤其是吹程大、水面宽深的江河湖泊堤岸的逆风面，风浪形成力强，容易造成土堤临水坡面的破坏，削弱土堤断面，可能形成决口漫溢灾害。

2.2.9.1 风浪险情的成因

（1）堤坝本身存在问题，致使堤坝抗冲能力差。如土质不合要求、碾压不密实、护坡质量差、垫层未做好、断面单薄、高度不足等，造成抗冲能力差。

图 2.2-9 风浪

（2）风大浪高。堤防前水深大、水面宽、风速大、风向和吹程一致，则形成高浪及强大的冲击力，直接冲击堤坡，形成陡坎，侵蚀堤身。

（3）风浪爬高大。由于风浪爬高大，增加水面以上堤身的饱和范围，降低土壤的抗剪强度，造成崩塌破坏。

（4）堤坝顶高程不足，低于浪高时，波浪越顶冲刷，造成决口。

2.2.9.2 风浪险情的判别

风浪对堤防的破坏形式主要是冲刷，汛期江河涨水以后，堤坝前水深增加，水面加宽。当风速大，风向与吹程一致时，形成冲击力强的风浪。堤防临水坡在风浪一涌一退地连续冲击下，伴随着波浪往返爬坡运动，还会产生真空作用，出现负压力，使堤防土料或护坡被水流冲击淘刷，遭受破坏。轻者把堤防临水坡冲刷成陡坎，重者造成坍塌、滑坡、漫水等险情，使堤身遭受严重破坏，以致溃决成灾。

风浪险情一般是以防范为主，防重于抢。应运用一切手段，适时收集水文、气象信息，进行水文预报和气象预报，分析判断更大洪水或暴风到来的可能性以及水位可能上涨的程度。在更大洪峰或者暴风到来之前抓紧时机，尽全力加强临水坡面的抗冲刷能力或者在风浪来临之际消减风浪对临水坡的冲击力。增强临水坡抗冲能力，就是利用防汛料物，经过加工铺压，保护临水坡免遭冲蚀，以增强抗冲能力。消减风浪对临水坡的冲击力，就是利用漂浮物防浪，拒波浪于堤防临水坡以外的水面上。

2.2.10　决口险情

决口是指堤防受洪水或其他因素破坏造成口门过流的现象，见图 2.2 - 10。江河、湖泊堤防在洪水的长期浸泡和冲击作用下，当洪水超过堤防的抗御能力，或者在汛期出险抢护不当或不及时，都会造成堤防决口。堤防决口对地区社会经济发展和人民生命财产安全的危害是巨大的。

图 2.2 - 10　决口

2.2.10.1　决口险情的成因

（1）河道水流或湖泊潮浪的冲刷浸溢，导致堤防或坝体出现坍塌，抢修维护不及时。

（2）出现超标准的洪水，水位急剧增加并漫过堤顶后。

（3）水坝堤防的建筑质量或建设标准存在隐患，导致坝基、堤身的土质较差，以及鼠、蚁等生成的洞穴，而导致因开裂、渗透破坏。

（4）人为因素的破坏，如战争、恐怖袭击以及对堤坝的开掘等。

（5）地震等自然灾害使堤身塌陷、裂缝或滑坡。

2.2.10.2　决口险情的判别

根据决口后水流分流情况的不同，堤防决口可分为改道决口和分流决口。

改道决口是指决口后主流或全河夺流，进而形成河流改道；分流决口是指决口后一部分水流从口门流出，大部分水流仍沿原河道流动。根据成因的不同，水坝堤防决口主要可以分为自然决口和人为决口这两种情况。其中，自然决口又主要可分为冲决、溃决以及漫决这三种。冲决主要指引水流、潮浪、风流对堤坡、坝根的淘刷，因边坡失稳而导致的决口；溃决则主要指因水流穿过坝基、堤身，渗透破坏而导致的决口；漫决则主要指引水流漫溢过堤顶部而导致的决口。

无论哪种类型的决口，封堵的难度都很大。必须详细搜集流域和河道地形、水文气象、装备、人员、料源等信息，为封堵时机、位置、方式等决策提供支撑，才能做到"因地制宜、及时抢堵"，确保人民群众的生命财产安全，减少损失。

2.3 水库、水电站险情

水库、水电站的建筑设施按照其功能可以分为通用性建筑物和专门性建筑物。其中通用性建筑物包括挡水建筑物、泄水建筑物、取（进）水建筑物、输水建筑物等；专门性建筑物包括水电站建筑物（如前池、调压室、压力水管、水电站厂房）、渠系建筑物（如节制闸、分水闸、渡槽、沉沙池）、过坝设施（如船闸、升船机、放木道、筏道及鱼道）。其中对水库、水电站的运行影响较大的典型建筑设施包括大坝（土石坝、混凝土坝）、水闸、厂房机组、溢洪道、隧洞、涵管等，下面重点对以上建筑设施可能出现的险情进行介绍。

2.3.1 土石坝险情

土石坝是最古老的一种坝型，也是最为广泛的坝型。土石坝是指用当地土料、石料或土石混合料，经过抛填、碾压等方法堆筑而成的挡水坝，是土坝和土石混合坝的总称。由于筑坝材料主要来自坝区，因而也称作当地材料坝。

参考近年对众多水库大坝安全的鉴定结果资料，土石坝险情与堤防相似，主要包括滑坡、渗漏、漫溢、管涌等多种类型。根据病害机理的特点，可将土石坝险情类型大致归为以下三类。

2.3.1.1 结构及构造性险情

病害机理主要是结构强度、刚度和稳定性不足以及构造措施不合理，多反映在其主体结构稳定性的改变上。结构及构造性险情主要包括漫溢、滑坡、沉陷、裂缝、冲刷等。土石坝结构破坏见图2.3-1，其险情成因如下：

（1）工程标准偏低。体现在原设计、校核洪水标准低于现行标准。大坝坝顶高程、大坝坡比、坝顶宽程、防渗体顶高程、泄水建筑物导墙顶高程未达到设计要求。

（2）坝坡稳定不满足要求。一是因为原设计标准低、施工时筑坝土石料及

图 2.3-1 土石坝结构破坏

坝体填筑未达到设计要求、坝体和坝基防渗处理未达到要求等造成；二是由于施工等原因，坝体填筑未达到设计干容重，经检测后发现抗剪指标明显偏低，坝体抗滑不稳定。

（3）大坝排水设施破坏。一是因为大坝加高和培厚使排水体埋入坝体内，致使排水系统堵塞；二是排水棱体反滤层淤塞或施工时未设排水棱体及反滤层；三是排水棱体岩石岩性差，岩石风化致使排水堵塞失效。

（4）水库泄水建筑物破坏。泄水建筑物的破坏，主要有由于地基不均匀沉陷造成的底板及导墙变形裂缝、由于水流冲刷造成的底板及导墙表面破坏及岸坡垮塌、泄水建筑物下游消能防冲设施不完善造成的建筑物本身的结构破坏等。另外，溢洪道泄流能力不足、消能不合理、混凝土结构老化破损和金属结构老化报废，也导致泄水建筑物的破坏。

2.3.1.2 渗漏性险情

病害机理主要是坝体密实度欠佳及其接合体抗渗性能不足。渗漏性险情主要包括坝体渗漏、坝基渗漏、绕坝渗漏、涵洞周围渗漏和白蚁洞穴渗漏等。土石坝渗漏见图 2.3-2，其险情成因如下：

图 2.3-2 土石坝渗漏

（1）坝体渗漏。因斜墙、心墙等防渗体裂缝或者坝体施工质量等问题形成渗流的集中通道，导致管涌等问题的发生，渗水逸出点或逸出面在下游坝坡和坝脚。具体表现在：浸润线从坝坡逸出；下游坝面出现集中渗漏；防渗墙或黏土心墙的渗漏；坝体内裂缝渗漏。

（2）坝基渗漏。主要是由历史原因造成的，有的土石坝没有设计就开工建设，有的边设计边施工，对于坝基未做任何防渗处理就开始填筑坝体，蓄水后即发生渗漏。

（3）绕坝渗漏。绕坝渗漏是指渗水绕过坝头两端渗向下游并在下游岸坡逸出的现象。绕坝渗漏主要发生在坝端松散的坡积层和岩石风化层、透水层或裂隙发育的基岩处。

（4）接触部位渗漏。坝体与坝基、坝体两次墙和齿墙与涵管（小型水库中常见）、坝体与两岸山坡、防渗设施与破碎基岩之间的各种接触部位，由于设计和施工等多方面的原因往往容易成为渗漏的捷径而发生接触冲刷甚至垮坝失事。

2.3.1.3 其他险情

土石坝坝内涵管损坏、下游坝面出现集中渗漏、滑坡、护坡问题、坝体变形等险情。

2.3.2 混凝土坝险情

混凝土坝运行环境恶劣，其病变主要是物理作用和化学作用的结果，其中：物理作用包括水的渗透、荷载、徐变、冻融循环、干缩、磨损等；化学作用包括酸碱盐侵蚀、碳化、碱骨料反应及有害气体的侵蚀、电化学作用引起的钢筋锈蚀等。

对于混凝土坝而言主要存在裂缝、溶蚀、碳化、冻融等破坏形式。

2.3.2.1 裂缝破坏

对于混凝土坝，根据裂缝成因不同，裂缝主要分为施工期裂缝和运行期裂缝。

1. 施工期裂缝

（1）混凝土强度等级不足，振捣不密实，拌和不均匀等施工原因引起的裂缝。

（2）温控和养护措施不当，施工组织设计和浇筑方案不合理引起的裂缝。

2. 运行期裂缝

（1）运行期坝体受到外界不利因素的作用而引起施工缝或内部缝扩张。

（2）在不利因素作用下形成再生缝。

（3）温度周期性变化形成温度疲劳效应，从而产生裂缝。

（4）温度和渗透产生的扩展缝和再生缝。

混凝土裂缝破坏见图 2.3-3。

从本质上讲，裂缝导致的混凝土

图 2.3-3 混凝土裂缝破坏

结构破坏实际是病变的累积，从微观到宏观裂缝，再扩展交织发展的过程。具体机理为：混凝土结构的内部缺陷或者界面裂缝受外界因素影响，产生微观裂缝，经过扩展、分叉，逐渐从内表面向砂浆区域偏转和扩展，在砂浆中产生新的裂缝和空隙，随着外荷载的加强和持续作用，形成肉眼可见的宏观裂缝，这些不同类型的宏观裂缝相互贯穿汇合，因应力集中而又出现新的病变。如此循环发展，开始影响混凝土结构的力学性能和应力，使混凝土结构发生破坏。

2.3.2.2　溶蚀破坏

混凝土坝溶蚀破坏主要是因为碱骨料反应，有碱硅酸盐反应和碱碳酸盐反应两种，生成物会在混凝土结构内部膨胀，产生应力，使结构受拉破坏。混凝土溶蚀破坏见图 2.3-4。

图 2.3-4　混凝土溶蚀破坏

（1）碱硅酸盐反应：由于混凝土中含有无定形的 SiO_2 和玻璃质、微晶质以及隐晶质的 SiO_2，这类活性 SiO_2 组成的石英晶体结晶度差、活性大、较易膨胀。

（2）碱碳酸盐反应：是由于混凝土内部黏土含有的泥质白云石发生化学反应，遇到溶蚀破坏，使其内部的黏土暴露在外，吸水膨胀，导致混凝土内部拉应力超过极限状态而破坏。

白云石石化反应式为

$$CaMg(CO_3)_2 + 2NaOH = Mg(OH)_2 + CaCO_3 + Na_2CO_3$$

2.3.2.3　碳化破坏

（1）溶出性水的破坏。水库大坝受到工厂、生活污水的影响使水体 pH 降低，易溶入 CO_2，当水沿着裂缝渗透到混凝土结构中，就会与坝体混凝土或帷幕和固结灌浆中的 $Ca(OH)_2$ 发生反应，生成不易溶于水的"白浆"析出物 $CaCO_3$，使得大坝钙质不断流失加速老化，承载力降低，帷幕灌浆的防渗能力减弱，析出物溶于水后，还会腐蚀暴露在水中的金属结构。

（2）大气污染的侵蚀作用。因受污染的大气含有更多 CO_2，其与暴露在大气中坝面混凝土水泥砂浆中的 $Ca(OH)_2$ 反应，生成 $CaCO_3$，造成表面收缩，且由于表面受到结构内部未碳化混凝土的约束，最终造成表面开裂。

混凝土碳化破坏见图 2.3-5。

2.3.2.4　冻融破坏

冻融破坏在宏观上表现为表面开裂、剥落、混凝土力学性能降低等；细观上表现为结构变疏松、碱骨料分离，严重的会出现蜂窝等。究其破坏成因，目前广泛认可的是由美国学者 T. C. Powers 提出的膨胀压力和渗透压力理论。混凝土冻融破坏见图 2.3 - 6。

图 2.3 - 5 混凝土碳化破坏

图 2.3 - 6 混凝土冻融破坏

（1）膨胀压力破坏。混凝土中毛细孔水在低温下，物理形态发生变化，水逐渐凝固成冰，体积增加 9%，未结冰的水会被迫外流，而毛细孔壁会对水产生约束，从而对周围的混凝土结构造成压力，使毛细孔周围产生局部高应力区，导致受拉破坏。

（2）渗透压力破坏。该破坏是由于胶凝孔水向毛细孔渗透，引起冻融破坏，当毛细孔水全部结冰时，水中碱或者其他物质的浓度会降低，形成浓度差，使胶凝孔水挤压扩散，形成渗透压力。

无论是膨胀压力还是渗透压力破坏，最终都是在混凝土中形成高应力区，使混凝土的拉应力超过其抗拉强度，造成混凝土开裂。在反复冻融循环作用下，混凝土的病变逐渐加大和积累，裂缝相互贯通，混凝土结构的承载能力降低，甚至失效。

2.3.3 水闸险情

水闸是一种具有挡水与泄水双重作用的低水头水工建筑物。它通过闸门的启闭来控制闸前水位和调节过闸流量，按其所承担的任务可分为节制闸、进水闸、分洪闸、排水闸、挡潮闸、冲沙闸等，在防洪、灌溉、排水、航运和发电等水利工程中应用十分广泛。水闸损毁见图 2.3 - 7。

闸门的险情如无法正常启闭、严重漏水等，不仅危及水闸本身及堤防安全，而且由于控制洪水作用减弱或失去对洪水的控制，对闸门下游地区或河流下游地区将造成严重的洪涝灾害。处置闸门险情，首先要查明故障。闸门变形、滚轮失灵、闸门槽扭曲、丝杠扭曲、启闭设备发生故障或机座损坏、地脚螺栓失效以及卷扬机钢丝绳断裂等原因，或者闸门底槛及门槽内有石块等杂物卡阻、牛腿断裂、闸门门体倾斜，或者泄流振动、止水老化等，都可能形成险情。

2.3.3.1 闸室结构变形破坏

结构的变形破坏形式分为结构的整体位移和局部变形，主要表现为结构的

图 2.3 - 7　水闸损毁

水平位移与竖直位移超标、混凝土开裂、结构缝的张开（包括止水的失效），这些表现形式之间通常是相互关联的。

引起结构整体水平位移和竖直位移超标的原因主要有：结构的超载以及不均匀荷载的作用；地基处理的设计、施工方案不完善，造成地基承载力不足，压缩量过大；地基的渗透变形破坏；混凝土强度降低；其他原因。混凝土的开裂和结构缝的张开属于局部结构变形。除了结构整体位移特别是不均匀位移会引起混凝土裂缝和结构缝张开外，其他原因也会造成各种类型的混凝土裂缝，主要包括温度裂缝、干缩裂缝、钢筋锈蚀裂缝、碱骨料反应裂缝和施工裂缝。

2.3.3.2　地基渗流破坏

水闸的渗流包括闸下渗流和侧向渗流两种途径。由渗流引起的渗透变形是水闸破坏的主要形式之一，主要包括管涌、流土和接触破坏三种形式。

引起水闸渗流破坏的主要原因有：原设计标准偏低，现水闸为了满足新的功能要求，提高水位差运行；防渗止水设施失效；排水反滤设施失效；存在影响结构整体性的裂缝；地基土本身的特性与缺陷；其他原因。

2.3.3.3　上下游消能防冲设施的破坏

这种破坏的主要原因有：设计标准低，随着水闸运行时间的增加，河道的水力条件发生了一系列变化，使得水闸现有消能防冲设施的尺寸及结构形式不能满足要求；水闸设计不当，消能防冲设施不健全；基础软弱，处理不当；水闸的运行管理水平低，特别是许多闸的开启方式不合理，从而产生集中水流、折冲水流、回流、漩涡等不良流态，造成了下游消能防冲的破坏；其他的一些人为破坏。

2.3.3.4　闸门及其启闭系统的破坏

闸门的主要问题包括：面板、主梁、次梁变形与剥落；止水橡皮的老化破损；闸门及其细部构件的锈蚀等。一般说来，闸门的破坏往往是在闸室过水时发生的，特别是在某些水力条件下，闸门将产生强烈振动，甚至产生共振和动力失稳现象。

闸门振动破坏的原因十分复杂，目前对于闸门振动的研究还处于探索阶段，但总的说来是由于动水作用的不平稳引起的。伴随闸门的振动，将产生一系列的闸门破坏，例如闸门变形、止水破坏等。闸门本身的老化是闸门破坏的另一个原因。

启闭设备及设施存在严重老化和不配套等问题，主要包括：对于手、电两用螺杆启闭机，闭门时由于闸门卡阻、强行顶压或制动失效，常常产生螺杆压弯，设计启闭力不足或闸槽变形，导致闸门摩擦阻力加大，造成铜螺母牙磨损；对于双吊点的卷扬式启闭机，经常由于两边松紧程度不一致，导致两边拉力不平衡，产生闸门开启时卡阻。

2.3.3.5　混凝土表面劣化

（1）混凝土碳化和钢筋锈蚀。混凝土的碳化是空气中的 CO_2 与水泥石中的碱性物质相互作用的一种复杂的物理化学过程。由于碳化会降低混凝土的碱度，破坏钢筋表面的钝化膜，从而使钢筋产生电化学腐蚀现象，导致钢筋锈蚀。钢筋锈蚀的另外一个原因是氯离子侵入到混凝土中，也会破坏钢筋表面的钝化膜，从而导致钢筋锈蚀。

（2）混凝土表面剥蚀破坏。混凝土耐久性不良是造成表面剥蚀破坏的内在原因。水工混凝土产生剥蚀破坏主要是由于环境因素（包括水、气、温度、介质）与混凝土及其内部的水化产物、砂石骨料、掺和物、外加剂、钢筋相互作用，产生一系列机械、物理、化学的复杂作用，从而形成大于混凝土抵抗能力（强度）的破坏应力所致。造成混凝土表面剥蚀的外在原因主要有：①环境水的冻融破坏。混凝土产生冻融破坏，从宏观上看是混凝土在水和正负温度交替作用下产生的疲劳破坏；从微观上看，其破坏机理较有代表性的是美国学者T. C. Powers 的冻胀压和渗透压理论。②过流部位的冲磨与空蚀。③钢筋的锈蚀。④水质的侵蚀。

从各类水闸的检测检修的实践中，可以发现，水闸的各种病害、缺陷大多始发于或显露于外表面，病害的起因比较简单，根据现场仔细检查以及检测病害的形态、范围和程度，就可以清楚分析并做出判断。但也有一些病害较复杂，其病因亦很多，需要结合具体工程条件进行多方面的监测、检测、试验或对工程的设计及施工资料进行调查，经过综合分析，才能得出比较清楚的认识，并做出恰当的决策。

2.3.4　厂房、机组险情

厂房和机组是水电站发电建筑设施的主要构成部分，直接影响着水电站的发电效益。当厂房和机组受自身原因或者外部因素影响而出现险情时，会导致水电站的效能无法完全发挥，甚至影响整个水电站的安危。

2.3.4.1　厂房险情

水电站厂房作为发电核心建筑物，其重要性不言而喻。通过对相关资料的查阅，分析总结出水电站厂房的险情主要有以下三种类型：

（1）厂房周边的边坡滑动。水电站一般都是坐落于狭窄的山谷之中，尤其是高坝，厂房更是处于复杂的高陡边坡之下。虽然在建设水电站之时，都对这些边坡进行了处理与加固，但在恶劣天候（如强暴雨）、强震动（地震、爆炸）等条件下，边坡难免会出现开裂或者滑坡。一旦出现此种情况，厂房将有被掩埋的危险。所以，加强对厂房周边边坡的监测一直都是水电站安全防护的一大重点。例如，位于四川省阿坝藏族羌族自治州汶川县境内的岷江干流河段上的福堂水电站，经历了"5·12汶川大地震"后，厂房边坡的部分监测仪器遭到损坏，立即邀请成都勘测设计研究院对厂房边坡的监测仪器进行了重新布置，并对其进行了重点监测。

（2）内涝与外淹。内涝，主要是指由于尾水系管及流道闸盖破裂等引起的水淹厂房；外淹是指由于超标洪水导致尾水水位持续上升而发生的倒灌。无论是内涝还是外淹，应立即将运行机组停机，落下机组尾水事故门和进水口检修闸门。迅速组织抽排水设备排水。监视水位上涨情况，随时做好进水设备隔离电源的安全措施。外淹威胁条件下，根据水情在厂房内布置沙袋防浪墙，并做好止水、防渗措施。超过设计洪水标准条件下，应组织人员及时有序撤离至安全地带。

（3）结构破坏。水电站厂房是典型的钢筋混凝土结构，但在出现地震或者爆炸等强震动的情况下，可能出现损毁的现象。武汉大学水资源与水电工程科学国家重点实验室的伍鹤皋教授等人，基于 ABAQUS 平台，采用混凝土损伤塑性模型描述厂房混凝土，并通过子程序编程实现黏弹性人工边界以模拟无限地基，将人工波加速度峰值调整为罕遇地震对应的 0.331g，针对某水电站厂房结构开展了动力非线性时程分析。结果表明，罕遇地震作用下厂房结构的破坏模式具体表现为下游立柱严重开裂、上游立柱开裂、上游墙底部开裂以及下游立柱出现轻微压损伤，混凝土损伤状态、钢筋应力、层间位移角均表明厂房结构自身具有较高的抗震安全储备，整体破坏程度在"可修"的水平。但上下游墙在顺河向的不协调运动会导致屋顶网架动应力非常突出，网架存在垮塌的风险。

2.3.4.2 机组险情

机组险情按照专业通常分为机械、辅机、电气等三种事故险情。

（1）机械事故险情。机械事故险情通常有以下常见故障：推力轴承甩油、发电机失火、发电机瓦温升高及烧瓦、机组扫膛、转子磁极损坏、球阀工作密封及检修密封损坏、球阀拐臂枢轴密封漏水、球阀关闭失效、球阀伸缩节漏水、活动导叶上浮刮伤抗磨板、水导瓦温升高及烧瓦、水轮机层水淹、止漏环烧毁、主接力器关闭失效等。

（2）辅机事故险情。辅机事故险情通常有以下常见故障：尾水管放空阀破裂、中压气管跑气、调速器油管爆裂、渗漏排水泵更换、球阀油管破裂、水淹厂房处理等。

（3）电气事故险情。电气事故险情通常有以下常见故障：发电机定子线棒失火、封闭母线接地、主变本体故障、GIS设备故障、厂用电失电等一次系统故障；直流系统故障、监控系统故障、励磁系统故障、调速器及球阀系统故障、公用系统故障等二次系统故障。

机组无论出现哪种险情，都应立即组织人员熟悉设备的技术文件、图纸，并准备相应的工器具，将受损机组停运，转检修态。

2.3.5 溢洪道险情

溢洪道作为典型的重要泄洪建筑物，一旦发生破坏或堵塞不能及时正常泄洪，可能造成溃坝；紧急泄洪时可能出现水库大坝溢洪道泄水不畅，侧墙倒塌，底部严重冲刷等危及大坝安全的险情。常见的溢洪道险情如下：

（1）堵塞。由于水流中的树木等异物，或者山体滑坡，导致溢洪道出现堵塞而无法达到泄洪要求。例如，2011年8月4日上午11时30分左右，陕西省城固县天明镇罗儿湾水库溢洪道旁边一处山体突然出现滑坡，1200m³滑坡体堵塞了整个溢洪道。

（2）缺口。由于洪水水流的冲刷，使得溢洪道出现缺口。例如，2013年6月27日，浙江省嵊州市羊肠湾水库溢洪道被洪水冲开15m的缺口。

（3）漫溢。由于水位陡升，水流漫过溢洪道边墙而出现的险情。

（4）底板、边坡或边墙损毁。由于水流冲刷、地震影响或者人为破坏，导致溢洪道底板、边坡或边墙损毁。例如，2014年5月24日晚至25日凌晨，江西省安福县东谷水电站水位陡升，该水电站紧急泄洪。由于泄洪量快速增加，致使东谷水库泄洪道坡面损坏，出现险情。

（5）泄洪能力不足。由于上游来水量大，来水量大于溢洪道的泄水量。

（6）闸门失控。闸门出现故障，无法正常启闭。例如，2013年云南某水库、新疆阿勒泰某水电站均发生了闸门被冲走，洪水下泄事故。

2.3.6 隧洞、涵管险情

隧洞、涵管作为两种常见的泄水建筑物，主要应用于小型水库或部分大型水库。隧洞、涵管出现险情，也会直接威胁大坝的安全。其常见的险情类别主要有：

（1）堵塞。由于水流中的泥沙、树木等异物，或者山体滑坡，导致隧洞、涵管被堵塞，进而影响泄水功能。

（2）损坏。在大坝自重、水流侵蚀、地震震动等因素的影响下，内壁可能出现裂缝、逐层剥离等现象，从而导致渗漏等险情的产生。

（3）泄洪能力不足。来水大于设计尺寸的承受范围，进而出现的险情。例如，2009年7月初，受连日强降雨影响，广西壮族自治区罗城仫佬族自治县卡马水库一度出现重大险情，洪水漫过正在施工的溢洪道，放空导流洞出口右侧边墙部分被冲毁，大坝基底被击穿，几乎造成垮坝的严重后果。

（4）闸门失控。闸门出现故障，无法正常启闭。

2.4 变电站、输电线路险情

变电站、输电线路是将水电站中发出的电能进行电压转换，并输送出去的重要设施，该设施的破坏会导致供电不畅、电路不稳或者断电的情况出现。一般造成变电站、输电线路破坏的原因包括如冰雪、飓风、暴雨、冰雹、雷击、洪水、泥石流、地震等自然灾害和人为有意破坏、恐怖袭击、战争等人为因素。

2.4.1 变电站险情

由于设施本身的特点和所处的环境，变电站受一般自然灾害的影响较小，主要是受地震灾害和人为因素的影响较大。变电站的险情按其构成要素可以分为以下几个方面。

2.4.1.1 建筑物破坏

变电站内的建筑物主要包括主控通信楼、生产综合楼、配电室、电容器室等。这类建筑在强烈地震中往往表现出较弱的抗震性能，很容易损毁。变电站中这些建筑物多为框架结构，冗余度较小且楼层放置占地较大的电气设备，造成建筑物空旷，抗侧移刚度小，加之设备的荷载很大，并随着地震效应放大了的楼板一起运动，导致此类建筑在地震中表现出较低的可靠性。国内学者李天等对某一地区变电站建筑物的失效概率分析表明：在基本烈度Ⅵ度、计算烈度Ⅶ度时的失效概率达0.134；在基本烈度Ⅷ度、计算烈度Ⅷ度时的失效概率达0.370。

2.4.1.2 支架和构架破坏

变电站中的电气设备安装在一定高度的支架上，形成一种"头重脚轻"的支架-设备体系。该体系的自振频率比设备本体的自振频率低，而且支架越高，体系的自振频率下降越多。由于头部设备对脚部支架显著的动力放大作用，造成设备支架的抗震可靠性低。

2.4.1.3 电瓷型电气设备破坏

电瓷型电气设备包括断路器、隔离开关、电流互感器、电压互感器、避雷器等，在地震灾害中容易出现绝缘部位的瓷套管根部断裂。

2.4.1.4 变压器破坏

变压器是变电站中重要的设备之一，是由铁芯、绕组、绝缘、引线、油箱、相应组件装配完成以后，再注入变压器油而构成，变压器在地震中的损毁形式主要有本体位移和套管损坏。

2.4.1.5 母线破坏

变电站内的母线分硬母线和软母线两种，硬母线由铝管和铝线制成，软母线由铝线制成。硬母线的破坏主要是支撑母线的棒式支柱绝缘子在地震作用下折断造成的；软母线自身的强度很高，不易损坏，损坏一般是悬挂母线的绝缘子被拉断。

2.4.2 输电线路险情

电杆损坏、铁塔损坏分别见图 2.4-1 和图 2.4-2。

图 2.4-1　电杆损坏

图 2.4-2　铁塔损坏

输电线路主要由导线、基础、杆塔、绝缘子、金具、导地线和接地装置等构件组成。由于输电线路长期暴露在野外，而且分布广泛，受到自然灾害和人为破坏的影响大，按影响因素的类型分，输电线路险情主要有以下几种。

2.4.2.1 人为引发的破坏

由于施工人员的大意，使用机械施工作业时，碰撞采矿炸石或违章取土破坏导线，从而输电线路遭到破坏。违章植树造成接地跳闸停电，在线下焚烧、钓鱼、异物漂浮、交叉跨越等违法行为都会一定程度地影响到电力运输。输电线路安置在特殊的环境下，工作人员的巡逻维护力度的薄弱使得不法分子有了可乘之机，输电铁塔被盗也就时有发生。此外，恐怖袭击和战争等也可能会造成线路的短路、断线或者损毁等。

2.4.2.2 雷电引发的破坏

输电线路故障中有相当一部分是由于雷电灾害引起的。输电线路由于遭受雷击所引起的雷电过电压，有雷电直接击于线路引起直击雷过电压和雷击于线路附近因电磁感应引起的感应雷过电压两种。当雷电过电压超过线路绝缘水平时，就会引起绝缘子串闪络或线间、线对接地体闪络而发生故障。

2.4.2.3 冰雪引发的破坏

冰雪会引起的输电线路倒杆（塔）、断线及跳闸事故，严重威胁到电网的安全稳定运行及供电可靠性。导线覆冰首先是由气象条件决定的，是受温度、湿度、冷暖空气对流、环流以及风等因素决定的综合物理现象。云中或雾中的水滴在 0℃ 或者更低时与输电线路导线表面碰撞并冻结时，覆冰现象就产生了。当线路上出现大密度的覆冰时，杆（塔）两侧的不平衡张力加剧，当张力不断加大，直至到达杆（塔）、导线所能承受的极限时，就出现了导线短路或杆（塔）倒塌的现象。此外，绝缘子的冰闪也是冰害的一种，当绝缘子发生覆冰现象后，在特定温度下使绝缘子表面覆冰或被冰凌桥接后，绝缘强度下降，泄漏距离缩短。在融冰过程中冰体表面或冰晶体表面的水膜会很快溶解污秽物中的电解质，并提高融冰水或冰面水膜的导电率，引起绝缘子串电压分布的畸变（而且还会引起单片绝缘子表面电压分布的畸变），从而降低覆冰绝缘子串的闪络电压，覆冰越重，电压分布畸变越大，绝缘子串两端，特别是高压引线端绝缘子承受电压百分数越高，最终造成冰闪事故。

2.4.2.4 高温引发的破坏

在多种造成电网受损的自然灾害中，高温天气可能引发电网供电紧张，使电网运行承受巨大压力，接近稳定极限。电力系统中某一元件出现故障，可能导致一系列其他元件停运，连锁反应迅速蔓延，最终发生电网崩溃现象。但是由于电网设备受损较少，因而恢复供电的难度不大，时间也较短。

2.4.2.5 风引发的破坏

当只是微风（风速 3.4～5.4m/s）时，会造成振动电晕引起的电晕振荡；大风（风速 17.2～20.7m/s）时，会引起分裂导线振荡等。振动会造成导线疲劳断股甚至断线，造成导线间闪络，引起金具损坏和导线断股、断线。

2.4.2.6 地震引发的破坏

相比其他自然因素，地震对电网造成的影响大得多，影响范围大，会造成电网机械性损伤，如杆塔倒塌、导线断线等，恢复时间长，难度大，经济损失严重，恢复重建投资巨大。

2.4.2.7 地质灾害引发的破坏

地质灾害，包括滑坡、泥石流、塌陷等，主要是对输电线路的基础和杆塔造成机械性破坏或者使其产生移动，从而使得导线被撕扯至断裂，从而造成电网瘫痪，对输电线路的破坏程度很大，抢修恢复也很困难。但地质灾害一般覆盖的区域不是很广泛，所以对输电线路的破坏往往是局部性的，通过改变线路走向，搭设临时性的杆塔架设导线，可以实现快速通电。

2.4.2.8　其他引发的破坏

另外，当空气湿度较大时，导线外表面水分会凝聚成水膜，大气中的 O_2、CO_2 及其他气体 H_2S、NH_2、SO_2、NO_2、Cl_2、HCl 等和盐类物质溶解于水膜中，形成电解液薄层。电解液与金属氧化膜发生反应而产生腐蚀。在导线内部铝股与镀锌钢芯接触层，由于金属电极电位差异，也会产生接触腐蚀。铝股受腐蚀后表面会产生白色粉末，并布满麻点，铝股与钢芯接触层也会产生粉状物，同时导线明显变脆，抗拉强度明显降低，严重时会造成断股、断线。

2.5　堰塞湖险情

堰塞湖是因地震、雨雪冰冻、火山爆发等自然原因或人为因素（如爆破）导致山体滑坡、泥石流、熔岩、冰碛堆积等堵塞山谷、河床，并拦蓄储水到一定程度形成的湖泊。堵塞水流通道的堆积体称为堰塞体，也称为自然坝体，可以说是一种较为特殊的挡水物。堰塞体失稳时会导致堰塞湖溃决。

2.5.1　堰塞湖分类

根据堰塞体的形成方式的不同，可将堰塞湖分为滑坡型、崩塌型、泥石流型、熔岩型、冰碛型五类。

2.5.1.1　滑坡型堰塞湖

滑坡型堰塞湖是最为常见的一种。主要是由于河谷两岸的山体发生滑坡堵塞江河形成。导致山体滑坡的原因可能是地震、降雨、融雪、人类工程活动等。如唐家山堰塞湖就是因地震引起右岸巨大滑坡体裹挟巨石、树木、泥土等瞬时滑入湔江河道后而形成的。

通常，滑坡型堰塞湖具有以下特征：

（1）堰塞区域大，阻塞河段长。

（2）堰塞体体积大，坝体高，蓄水量大，回淹面积广，溃决危害大。

（3）堰塞体存留时间长。

（4）堰塞体以土石混合型居多，以漫顶导致溃坝的多，渗漏方式破坏的少。

2.5.1.2　崩塌型堰塞湖

崩塌型堰塞湖是江河两岸的山体发生崩塌，阻断江河形成。其诱发原因主要是地震、降雨、风化及人类工程活动等。2008 年 5 月，汶川大地震所形成的256 处堰塞湖中有近 1/3 为崩塌型堰塞湖。2009 年 6 月，重庆武隆鸡尾山发生大面积山体崩塌，崩塌总体积超过 1200 万 m³，在乌江二级支流石梁河上游支流铁匠沟上形成高 28～35m，最大库容 49 万 m³ 的堰塞湖。这是典型的崩塌型堰塞湖。

通常，崩塌型堰塞湖具有以下特征：

（1）堰塞体一般是以大块石、块石和碎石堆积为主。

（2）堰塞体结构较为松散，抗渗能力差，易发生堰体渗流。

（3）堰塞体通常规模中等，留存时间长，若大块石较多，则不易开挖泄流槽。

（4）破坏方式除漫顶溃决外，更易发生渗流破坏和塌滑破坏。

2.5.1.3 泥石流型堰塞湖

泥石流型堰塞湖通常是由于地震、降雨、冰湖溃决、融雪等原因引发泥石流堵塞江河形成。例如，2010 年 8 月 7 日，受强降雨影响，甘肃舟曲白龙江左岸三眼峪发生了大型泥石流灾害，舟曲县县城受灾严重，导致 1435 人遇难，330 人失踪，泥石流堆积物淤积在三眼峪入江口至瓦厂桥约 1km 的河道内，厚约 9m 的淤积体阻断白龙江，形成回水长 3km、蓄水量 150 万 m³ 的堰塞湖。

通常，泥石流型堰塞湖具有以下特征：

（1）堰塞体高度较小，面积较大，有时甚至不会形成明显的堰塞坝。

（2）堰塞体构成物含水量高，流动性强，通常颗粒较小。

（3）少数堰塞体存留时间短，即冲即消。

（4）对河道的淤积作用强，溃决风险小。

2.5.1.4 熔岩型堰塞湖

熔岩型堰塞湖是由火山爆发产生的熔岩流堵塞河道形成的。

2.5.1.5 冰碛型堰塞湖

冰碛型堰塞湖是由冰碛物堵塞部分河床后形成的湖泊。如黄河每值冬春季节，在多湾多滩的河段，以及下游气温低于上游气温的河段（如黄河下游的某些河段，与从宁夏到内蒙古的自南向北的河段都存在有这种温差现象）易发生冰凌堵塞堆积现象，严重时便形成了冰碛堰塞湖，对上下游构成威胁。

2.5.2 堰塞湖的危害

根据 45 个有详细溃坝时间记载的灾害资料统计，堰塞湖形成后，1 天内溃决的占 38%，1 周内溃决的占 60%，1 月内溃决的占 80%，1 年内溃决的占 93%。

堰塞湖与人类为兴水利而修建的水库大坝完全不同，其主要险情为危险松散土（石）体堵塞河道，影响河道水流正常下泄，以致壅高水位，随着蓄水量的逐步增加，水位抬高，堰塞体受渗流、漫顶、冲刷、塌滑等影响，极易垮塌，形成类似溃坝灾害。

堰塞湖的危害主要体现在以下四个方面：

（1）对堰塞湖上游的淹没灾害。

（2）堰塞湖溃决导致的下游异常洪水或泥石流灾害。

（3）堰塞湖的泄流或溃决对下游河道造成淤积，河床抬高，影响河道的行洪能力，同时也会对下游河道产生强烈冲刷，有时甚至会使河道改道。

（4）堰塞湖泄洪后残留的堰塞体在强降雨的作用下转化为泥石流灾害。

其中尤以堰塞湖溃决对下游造成的洪水灾害危害最大。

堰塞湖的危害巨大，堰塞体越高，蓄水越多，破坏力就越强、危害就越大。而且，堰塞湖灾害还具有滞后性，且历时相对较长。堰塞湖从开始蓄水到溃坝通常要经过一段时间，如果在这段时间内采取有效的应急措施，是完全可以避免和减轻灾害损失的。

2.5.3　堰塞湖风险等级划分

确定堰塞湖风险等级难度较大，目前，还没有一个准确的堰塞湖危险性快速评估方法。《堰塞湖风险等级划分标准》（SL 450—2009）根据堰塞体危险性级别和溃决损失严重性级别将堰塞湖风险等级分为Ⅰ级、Ⅱ级、Ⅲ级、Ⅳ级四级表示，见表 2.5-1。

表 2.5-1　　　　　　　　　　堰塞湖风险等级划分表

堰塞湖风险等级	堰塞体危险性级别	溃决损失严重性级别
Ⅰ	极高危险	极严重、严重
	高危险、中危险	极严重
Ⅱ	极高危险	较严重、一般
	高危险	严重、较严重
	中危险	严重
	低危险	极严重、严重
Ⅲ	高危险	一般
	中危险	较严重、一般
	低危险	较严重
Ⅳ	低危险	一般

2.5.3.1　堰塞体危险性判别

根据堰塞湖规模、堰塞体物质组成和堰塞体高度，初步判别堰塞体的危险级别。堰塞体危险级别一般划分为极高危险、高危险、中危险和低危险四类，见表 2.5-2。

表 2.5 - 2 　　　　　　　　　　堰塞体危险级别与分级指标

堰塞体危险级别	分级指标		
	堰塞湖规模	堰塞体物质组成	堰塞体高度/m
极高危险	大型	以土质为主	≥70
高危险	中型	土含大块石	30～70
中危险	小（1）型	大块石含土	15～30
低危险	小（2）型	以大块石为主	<15

危险性判别按以下原则进行：

（1）3个分级指标同属一个危险级别时，该危险级别为堰塞体的危险性级别。

（2）3个分级指标中有2个属一个危险级别并高于另一分级指标的危险级别时，堰塞体危险性级别为2个分级指标对应的危险级别。

（3）3个分级指标中1个所属危险性级别相对较高，另2个分级指标同属次一级危险级别，堰塞体危险性级别为相对较高危险级别。

（4）3个分级指标中1个所属危险性级别相对较高，另2个分级指标最多有一个属次一级危险级别，将3个分级指标中所属最高危险级别降低一级，作为该堰塞体的危险性级别。

2.5.3.2　堰塞湖溃决损失严重性判别

根据堰塞湖影响区的风险人口、重要城镇、公共或重要设施等情况，可采用表2.5-3将堰塞体溃决损失严重性划级别分为极严重、严重、较严重和一般。

表 2.5 - 3 　　　　　　　　　　堰塞体溃决损失判别

溃决损失严重级别	分级指标		
	风险人口/人	重要城镇	公共或重要设施
极严重	≥10^6	地级市政府所在地	国家重要交通、输电、油气干线及厂矿企业和基础设施、大型水利工程或大规模化工厂、农药厂和剧毒化工厂
严重	10^5～10^6	县级政府所在地	省级重要交通、输电、油气干线及厂矿企业、中型水利工程或较大规模化工厂、农药厂
较严重	10^4～10^5	乡镇政府所在地	市级重要交通、输电、油气干线及厂矿企业或一般化工厂和农药厂
一般	<10^4	乡村以下居民点	一般重要设施及以下

堰塞体溃决损失严重性判定采用单指标控制，当3个分级指标分属不同溃决损失级别时，以所属最高级别的那个指标来确定溃决损失严重性级别。

另外，根据堰塞体溃决的泄流条件，影响区的地形条件、应急处置交通条件、人员疏散条件等因素，可在表2.5-3的基础上调整堰塞体溃决损失严重性级别。

2.6 其他险情

在水电部队的应急抢险中，有时还需面对道路、桥梁、隧道及输油输气管道、城市内涝等险情，本节对以上险情进行简要叙述。

2.6.1 道路、桥梁及隧道险情

在应急救援过程中，往往面对的是恶劣的环境条件，道路、桥梁、隧道可能会出现损毁或掩埋、淹没等情形，导致交通运输中断或阻塞时，必须采取应急措施紧急恢复或部分恢复道路、桥梁、隧道的交通，以满足应急运输。

2.6.1.1 道路险情

为确保抢险救援的时效性，在对道路险情进行处置时，通常都坚持"临时""快速""先通后畅"的原则。常见的道路险情主要有以下几类：

（1）路基沉陷。由于自然灾害或人为因素的影响，导致的路基沉陷，路基沉陷常用处置方法有机械回填、注浆加固和路基拓宽三种，可根据路基及边坡稳定性受沉陷影响的严重程度选用。

（2）路基坍塌。路基产生垂直方向的严重下沉，坍塌处与原路基顶面高差巨大。处治措施应根据现场条件、坍塌程度及规模确定，通车后应随时监测路基稳定性，可采取放缓边坡或坡面稳定措施进一步加固。

（3）道路掩埋。地震、泥石流、滑坡、崩塌、雪崩等灾害往往引起大量松散土石、雪或泥堆积在道路上，导致交通中断，这种现象称为道路掩埋。道路遭掩埋后的抢通措施包括全部清除、从阻碍物上通过和更改路线。

（4）路面积水。由于降雨、洪水、泥石流等灾害的影响，路面积水较深，车辆人员无法通过。一般依据水流速度和水面高程，选取适用措施，常用有疏导法、透水路堤法、桥梁法。

（5）巨石、危石破碎及松散堆积体等阻断道路。巨石阻断道路，可采用天然巨石爆破法、大块岩石爆破法、非炸药安全破碎器破碎、静态破碎等方法进行处理。山体崩塌不完全残留危岩体，对于危岩体的处理可采取打抗滑桩、锚喷支护、砌体支撑、钢丝网固定、爆破处理等措施。松散破碎堆积体，爆破法不适用时，宜采用微震爆破法，从而减小爆破冲击波的影响及对周边山体边坡的扰动。

2.6.1.2 桥梁险情

桥梁险情主要有两类：①洪水冲蚀，桥涵墩台受损；②重载车辆通行，桥梁上部结构盖板、拱圈损毁，路面塌陷。

桥梁基础抢修通常是桥梁抢修关键。基础抢修包括原桥基础加固、抢修和新基础抢建两类。新基础抢建常用卧木基础、片石基础、草袋基础、笼石基础。通常要先做临时围堰挡水。桥梁基础完成后，即可快速抢建桥墩、桥台。在桥梁应急抢修中，常用的主要有木排架墩台、装配式公路钢桥桥墩和八三式铁路轻型军用墩。在抢建完桥梁基础和墩台后，需在墩台上搭设临时梁，桥梁抢建中一般按梁式桥方案考虑。常用于桥梁抢建的梁有木梁、工字钢梁、321 装配式公路钢桥梁、ZB200 装配式公路钢桥梁。

2.6.1.3　隧道险情

常见的隧道险情通常包括以下三类：

（1）隧道坍塌。隧道坍塌主要是指隧道自身结构损毁垮塌及围岩坍塌。隧道坍塌除了导致道路断通、施工中断外，往往有人员伤亡、掩埋，车辆损毁及危害周边环境等恶性后果发生。隧道坍塌包括运营隧道坍塌及在建隧道坍塌两类。其中，运营隧道坍塌的处理要求尽快清除障碍，保障通行；在建隧道坍塌的处理则是要求在黄金救援时间内打通生命通道，救助被困人员，尽快恢复施工生产。

（2）隧道涌水。隧道涌水通常是由于强降雨、内衬破坏导致严重渗水和排水设施堵塞等原因引起的隧道内严重积水。一般采用防、截、排、堵相结合，因地制宜，综合治理。

（3）隧道破损。隧道破损是指由于人为破坏、地震等因素导致隧道出现裂缝、掉块，甚至局部坍塌。一般根据破损的严重程度，采用锚喷、钢架支撑、挂网和衬砌等方法对隧道进行加固。

2.6.2　输油输气管道险情

2.6.2.1　输油输气管道险情分类

根据险情的危害程度，输油输气管道险情一般分为以下三类：

（1）A 类事故：管道发生较大裂纹或管体断裂，导致输送介质大量泄漏而需要进行大规模抢修作业的事故。

（2）B 类事故：管道发生穿孔（主要是腐蚀穿孔）或微小裂缝，导致输送介质小型泄漏，但可以在线堵漏和补丁焊接处理，不需要更换管段的事故。

（3）C 类事故：管道发生变形、悬空，未导致管道裂纹，未有输送介质泄漏的事故。

2.6.2.2　输油输气管道险情成因

造成以上险情的原因通常分为以下六种：

（1）外部干扰：第三方破坏（建设、施工、农耕等意外破坏）；蓄意破坏（打孔盗油/气、违章占压、恐怖活动）。

（2）腐蚀：内腐蚀，外腐蚀，应力腐蚀开裂，氢致开裂。

（3）材料/建造：管材与焊缝缺陷；设计不当；焊接质量；施工损伤/安装不当。

（4）自然及地质灾害：地面运动（地震、滑坡、沉陷、冻土、冲蚀等地质灾害）；极端气候（暴雨/雪、洪水、雷电、台风、低温）。

（5）操作不当：设备故障；控制系统故障；错误操作；维修不当。

（6）其他及未知原因。

2.6.3　城市内涝险情

城市内涝是指由于强降水或连续性降水超过城市排水能力致使城市内产生积水灾害的现象。城市内涝带来很多不利影响。首先，城市内涝会对交通安全造成极大影响；其次，城市内涝会造成严重的经济损失，包括房屋地基因积水而造成的损坏、财产因进水而造成的损失、交通瘫痪对物流行业造成的影响、施工场地停工而造成的损失等；再次，城市内涝会对城市卫生造成很大的影响，会导致合流制溢流污染，还会因长时间浸泡垃圾等产生恶臭，对周边水体产生非常大的影响。城市内涝抢险主要包含两方面：一方面是进行水上人员、物资救援；另一方面是及时抽排内涝积水。

第3章
应急救援侦测的任务分析

对于水利水电设施的应急救援来说，只有明确影响救援的因素，并在实施中加强相关的信息搜集，才能占据主动，才能利用信息优势降低救援难度，提高救援效率。影响水利水电设施应急救援的因素复杂多样，目前还没有一个比较科学的方法对其进行分类。通过分析水利水电设施险情的类型及其产生的原因，站在应急救援力量队伍角度，参照以往遂行应急救援任务经验，按照各因素的特点和对应急救援的影响程度，结合今后应急救援任务需要，将开展应急救援活动所需信息总结概括后，可以将其划分为水情、工情、险情、环情、我情、社情、市情七大类，简称"七情"。不同信息对应急救援的效果产生不同程度的影响，"七情"的获取主要基于日常和灾害条件下获取。

"七情"的划分方法借鉴了水利、电力、交通等相关行业传统的划分方法，同时考虑应急救援力量遂行任务方便，"七情"中个别信息划分有所不同，如将传统"水雨情"中的"雨情"划分到"环情"，将"险情"从"工情"中分离出来单独阐述（有些文献"工情"中包含"险情"）。同时，"七情"各"情"之间不全是孤立的，信息之间是紧密联系，相互影响的。

3.1 水情分析

水情主要是指江河湖泊的状况、特征及地理意义，如流量、水位、流速、水温与冰情等。水利水电设施损毁应急救援中指描述江河湖泊中与"水"直接相关的信息。

3.1.1 水情信息

应急救援水情数据按照来源可分为水库水情数据、江河水情数据和雨水情数据。水库水情数据包含水库、湖泊、坑塘等类型的水体水情信息，江河水情数据包含江流、河流以及运河等水情信息；按照数据的特点又可以分为静态基本数据和动态实时数据，前者主要是水体的本质属性，一般是固定不变的或者历史数据，后者主要是实时发生变化的数据，详见表3.1-1。

表 3.1－1 水情的主要技术数据

侦测内容	类型一	类型二	技 术 数 据
水情数据	水库水情数据	静态基本数据	校核洪水位、设计蓄水位、防洪高水位、正常蓄水位、汛期限制水位、死水位、汛期运行水位、死库容、总库容、调节库容、有效库容、水库的最大泄量、汛限水位、水位—库容关系曲线、水库水位—泄洪流速关系曲线、集雨面积、多年平均径流量、汛期等
		动态实时数据	时间、库水位、入库流量、出库流量、蓄水量等
	江河水情数据	静态基本数据	河道最大泄量、水位流量关系、洪峰流量、设防水位、警戒水位、保证水位、集雨面积、年平均径流量、多年平均径流量等
		动态实时数据	站点、时间、来水量、流量、水位等
	雨水情数据		最大降水量、年平均降水量、日雨量

3.1.2 水情数据对应急救援的影响

3.1.2.1 水库水情影响

（1）水位影响。水位是水库除险应急技术的重要参考依据，达到设计洪水位时，一般情况下大坝是安全的，一般无须进行应急处置。达到校核洪水位时，水库在非常运用情况下，允许临时达到的最高洪水位，是确定大坝顶高及进行大坝安全校核的主要依据。当水库在校核洪水位长时间运行时，水库的土石坝容易出现管涌、渗水、裂缝等险情；当水库水位超过校核洪水位时，如大坝为土石坝，一般就要进行应急处置（因为土石坝漫坝容易出现溃坝险情），根据校核洪水位超标情况，是采取疏散下游群众或加高子堰挡水，还是开槽泄洪等措施需要综合考虑。如大坝为混凝土坝时，以漫坝的水深来选择除险方案。

（2）库容、入库流量、水库的最大泄量、水位—库容关系曲线、水库水位—泄洪流速关系曲线影响。当水库出现漫坝险情时，应急期就是根据库容、入库流量、水库的泄量、水位库容关系曲线来计算确定。应急期确定后，再根据水工建筑物的工况来进行技术方案选择。当选择分洪区蓄洪方案时，水库总库容、入库流量、水库的泄量是分洪区面积大小及蓄洪水深的计算依据。水库水位与泄洪流速关系曲线是计算水库泄量的依据，而且是计算开槽泄洪流速的计算依据。降雨影响分析中，当降雨较大时，可能会对道路交通产生严重影响，也会影响抢险材料的选择。如道路为土石路面，较大降雨就会产生泥泞和湿陷，影响通行。另外，子堰加高作业遇到较大降雨时，抢险材料就不宜大量选用土料，需要选择替换材料进行方案调整。集雨面积、最大降水量影响分析，集雨面积、最大降水量是计算上游来水量的主要依据，是险情判断、技术方案选择的重要依据。

（3）年平均降水量、多年平均径流量影响。年平均降水量、多年平均径流量是选择抢修抢建设施的断面尺寸、质量标准的依据。比如堰塞体改造成水库时，年平均降水量、多年平均径流量是水库设施设计参数的重要计算依据。

（4）汛期影响。汛期是水利水电设施险情多发的时期，在选择应急技术处置方案时，就要考虑汛期降雨、道路塌方、泥石流等各种因素影响，制订应对可能出现险情的应急预案。

（5）流速影响。流速是计算水库泄洪能力及泄槽开挖断面尺寸的重要数据，断面流速的大小，直接影响泄槽开挖断面尺寸及防护考虑指标。

3.1.2.2 江河水情影响

（1）水位影响。达到设防水位时，表明此时进入防汛阶段，应组织对汛前抢险准备工作进行检查；达到警戒水位时，堤防可能会出现管涌、渗流等现象，堤防防汛进入紧急阶段，这时要密切注意水情、工情、险情发展变化，在防守堤段或区域内增加巡逻查险次数，开始日夜巡逻，组织防汛队伍上堤，做好可能出现更高水位的防洪抢险人力、物力的准备工作，制订相应的管涌、塌岸、防渗处置等预案；达到保证水位，当江河水位超过保证水位，防汛部门将依据《中华人民共和国防洪法》动员全社会力量抗洪抢险，加高加固堤防，使河道处于强迫行洪状态，或者根据对上游水势和本地防洪工程承受能力的分析，应急技术处置方案一般采取向蓄、滞洪区有计划分洪、滞洪、缓洪、清除河障、限制沿河泵站排泄等非常措施，目的是牺牲局部顾全局，减少更大的洪灾损失，争取防汛工作的主动权。

（2）河道最大泄量、洪峰流量、水位流量关系影响。根据河道最大泄量、洪峰流量、水位流量关系三者关系，来计算河道是否出现险情，或出现险情的大小，从而确定应急技术处置方案；有时在某个较短的时段内出现两个洪峰过程，两个洪峰过程在某个位置就有可能叠加，从而河道内出现较大的洪峰过程，因此应急技术处置方案可能就不同。

（3）流速影响。流速是选择河岸防冲刷技术方案时的重要参数，直接影响选择什么技术方案、选用什么材料。如在堤坝决口封堵除险过程中，龙口流速是龙口合龙材料选择和大块体尺寸的重要数据，流速的大小也直接影响决口封堵材料的使用量、抛填强度、块料尺寸等。

3.2 工情分析

工情是描述水利水电设施本身工况以及运行情况的信息，是描述水利水电设施运行状况的手段，是实施应急救援决策指挥的重要依据。

3.2.1 工情信息

工情信息数据可分为静态基本工情信息和动态实时工情信息。静态基本工情数据主要描述水利水电设施建成后本身的工况，一般由在一定时期内不需要更新的较长周期型工程特征数据和部分反映工程固有特征的静态图像、图形和声音数据等构成。动态实时工情数据主要是描述水利水电设施在使用中（正常使用状态下）发生变化后的工况。如坝体蓄水后运行中自然沉降，坝顶高程发生变化，堤防在长期使用中因自然原因、人类活动导致堤顶高程、截面尺寸等发生变化。对原有基础工情信息有疑问时需要通过检测、测量等手段获取动态实时工情信息。工情的主要技术信息见表3.2-1。

表3.2-1　　　　　　　　　　　工情的主要技术信息

侦测内容	类型	技 术 信 息
工情信息	静态基本工情信息	（1）水工建筑物名称、建造年代、设计单位、建设单位、联络方式、图纸资料、存在的薄弱环节、维护情况、信息采集时间等基本信息。 （2）水电站大坝坝体类型，防洪标准及级别。 （3）堤防防洪标准及级别、堤型、堤基情况、坝体结构、材质组成、堤身数据（坝顶高程、长度、宽度）、护岸情况、堤身与各穿堤建筑物连接情况；泄洪技术数据、泄洪闸门技术数据。 （4）堰塞坝成因、物质组成、几何尺寸、堆积形态、风险程度等。 （5）蓄滞洪区分蓄洪控制站名称、分蓄洪控制站水位、蓄洪水位、蓄洪水量、剩余蓄洪库容等。 （6）水闸类型、等级、主要组成部分，洪水标准，尺寸数据等。 （7）治河工程所在岸别、水流状况、河势状况等。 （8）其他与应急救援对象相关水工建筑物工情信息
	动态实时工情信息	基本工情信息在发生变化后实时获取的工情信息

3.2.2 工情信息对应急救援的影响

（1）堤坝结构、堤坝材质影响。堤坝结构、堤坝材质不同出现的险情就不同，决定抢险救援方案的比选。比如混凝土堤坝一般会出现裂缝、漫溢险情，而土石堤坝出现的险情有漫溢、管涌、崩岸、脱坡、裂缝、跌窝、溃决、渗水、滑坡等险情。混凝土堤坝可以出现漫溢，但漫溢水深对堤坝产生的最大拉应力和最大压应力不能超过设计值，否则就有可能出现坝体开裂、破坏或局部失稳险情；但土石堤坝一旦出现漫溢就很容易出现溃坝险情。

（2）堤坝形体数据影响（坝顶高程、长度、宽度）。比如采取子堰加高除险方案时，堤坝顶面长度对技术方案选择何种材料、何种设备有很大的影响。如堤坝总长度过长，在短时间内是否可以完成除险任务，这就是技术方案选择时要考虑的重要因素；堤坝顶面宽度直接影响子堰加高的数值及能否通车的条件，坝顶高程是计算最高洪水位时是否出现漫溢险情的依据。

（3）水库泄洪技术数据影响。水库泄洪技术参数是计算泄洪能力的主要依据，而水库的泄洪能力是计算是否出现险情和出现险情时如何选择技术方案的因素。

（4）泄洪闸门技术数据影响。如因溢洪道闸门及闸门启闭设备故障而影响水库泄洪能力，导致出现水库险情，除险方案要根据闸门型式和尺寸、闸门启闭设备的完好程度来选择是通过修复还是拆除来排除险情。

（5）堰塞湖堆积体的组成成分影响。堰塞湖堆积体的组成成分直接决定其本身的稳定性，应急期也不同。比如相同大小堆积体，组成为土质的比大块石的稳定性要差，应急期相对短一些。

（6）建造年代影响。建造年代的不同，直接影响建筑物的质量（由于中华人民共和国成立初期国家经济困难，施工技术低下，没有重型装备，大多数堤坝施工都是靠人工建造，因此施工质量难以保证。有些堤坝建造年代久远，年久失修，蚁穴、鼠洞众多，农民耕作破坏严重，如险情出现在这种病险较多的堤坝的情况下，应急处置方案就要考虑堤坝的稳定性，必要时还要提前疏散下游群众）。

（7）存在的薄弱环节影响。部分建筑物在施工时基础处理不合格、坝体两侧填筑碾压不实，河堤存在挡水体较薄、或年久失修、蚁穴或鼠洞众多、农民耕作破坏严重的问题，这些都是薄弱环节，在应急处置技术方案选择时，首先考虑薄弱环节的处置。

值得注意的是工情信息并不是一成不变的，随着水利水电设施的运行通过对设施在运行情况下的上下游水位变化的观测，统计出水位随时间变化的趋势，一方面可以判断出设施是否运行正常，另一方面结合水位－库容曲线可以预测水位达到警戒水位的时间，有利于找准要害，合理布置。

3.3 险情分析

险情是由自然灾害、人类活动等因素作用于水利水电设施所产生的不利后果或直接形成的不利后果（如堰塞坝）及其发展情况，险情信息主要包括各类险情的处置方法与动态信息。

3.3.1 险情信息

险情信息可分为静态险情基本信息和动态险情实时信息。静态险情基本信息主要是应急救援对象以往发生的险情情况，各类险情的技术处置原则、方案以及对应的技战法等。动态险情实时信息指应急救援对象当下发生的危险情况，如渗水、翻沙鼓水、管涌、裂缝、漏洞、跌窝、漫溢、崩岸、滑坡、决口、堰塞湖、闸门受损、风浪破坏和其他险情的动态信息，详见表3.3-1。

表3.3-1 险情的主要技术信息

内容	类型	技 术 参 数
险情数据	静态基本数据	各类险情的技术处置方案、原则；土方工程、混凝土结构工程、地基处理与加固、爆破工程、导截流工程、钢结构工程、桩基础工程、砌筑工程、脚手架工程、结构吊装工程、防水工程、渡槽工程、水闸工程等技战法
	动态实时数据 — 江河堤防险情动态	(1) 渗水险情：采集时间、渗水部位、渗水面积、渗水量等。 (2) 管涌险情：采集时间、出口特征、管涌口直径、渗水流量、涌水水柱高、涌水混浊度、管涌数目、管涌群的面积等。 (3) 裂缝险情：采集时间、裂缝部位、裂缝类型、裂缝长度、裂缝宽度、裂缝深度、裂缝条数等。 (4) 漏洞险情：采集时间、漏洞位置、漏洞直径等。 (5) 跌窝险情：采集时间、跌窝部位、跌窝深度、跌窝面积等。 (6) 漫溢险情：采集时间、漫溢长度、漫顶高度等。 (7) 崩岸险情：采集时间、距堤防的距离、崩塌长度、崩塌宽度、崩塌体积等。 (8) 滑坡险情：采集时间、滑动类型、滑动面角度、滑动位移、地形、地质条件等。 (9) 风浪破坏险情：采集时间、风浪壅高、持续时间等。 (10) 决口险情：采集时间、决口宽度、决口处流速、决口流量、决口处内外水头差、地形、地质条件、影响范围、面积、人口等
	动态实时数据 — 水库水电站险情动态	(1) 土石坝险情：采集时间、破坏形式、破坏程度、破坏位置、影响程度等。 (2) 混凝土坝险情：采集时间、破坏形式、破坏程度、破坏位置、影响程度等。 (3) 闸门受损险情：采集时间、损毁状况、闸门损毁时的开启状态、过闸流量等。 (4) 厂房、机组险情：采集时间、破坏形式、破坏程度、破坏位置、影响程度等
	动态实时数据 — 变电站、输电线路险情动态	(1) 变电站险情：采集时间、破坏形式、破坏程度、破坏位置、影响程度等。 (2) 输电线路险情：采集时间、破坏形式、破坏程度、破坏位置、影响程度等
	动态实时数据 — 堰塞湖险情动态	堰塞湖险情：采集时间、堰塞体位置、堰塞体构成、堰塞体高度、堰塞体宽度、堰塞体长度、堰塞体体积、堰塞湖最大库容、蓄水量、水面距堰塞体顶的距离、上游来水流量、堰塞体过水流量、影响范围、面积、人口等
	动态实时数据 — 其他险情动态	其他险情信息主要描述道路、桥梁、隧道、输油气管道、城市内涝等其他险情特征、位置和险情规模等信息
	动态实时数据 — 抢险动态	主要内容包括：采集时间、抢险开始时间、抢险方案、人员投入、动用设备、消耗物资、进展情况及结果等

3.3.2　险情信息对应急救援的影响

险情是自然灾害、人为因素作用产生的不利后果，采取科学合理的应急救援手段有效控制险情、消除险情、减少损失是应急的目的。因此，对险情信息的有效积累和准确掌握是应急救援手段发挥的前提。

3.3.2.1　静态险情基本信息影响

应急救援行动所涉及的人员众多，所处环境复杂、所需时间紧迫，因此应急救援队伍必须有备而来。一方面需要掌握应急救援对象过往发生险情的基本情况和处置方式，为现时应急救援提供借鉴；另一方面，"养兵千日，用兵一时"，应急救援队伍需在日常加强对一些常见险情信息和处置方法的搜集和演练，增强对相关险情的预先了解和掌握，提高应对能力，险情一旦发生，就能很快地、有针对性地做出反应，不至于茫然不知所措。

3.3.2.2　动态险情实时信息影响

(1) 险情动态信息。不同类型的险情，由于破坏机理和形态不同，采取的抢险处置方法和技术也就不同；即使是同类型险情，规模大小和严重程度的差异，采取的应对措施也不同。所以，在灾情侦测中，对于灾情的类别和特征的判断也就显得尤为重要。

渗水险情：①破坏机理和形态。水库堤坝在汛期持续高水位下，堤坝断面不足，背水坡偏陡，堤坝内土质透水性强，防渗体单薄或其他有效地控制渗流的工程设施与坝体结合不实等均能引起渗水。渗水险情处理不及时，就可能发展为管涌、滑坡或漏洞等险情，最后可能造成溃坝灾害。②技术方案选择。渗水险情因水而生，因渗致险，处置方法上则以"临水截渗，背水导渗"为原则。若堤坝背水坡出现散浸，应先查明发生渗水的原因和严重的程度。如浸水时间不长而且渗出的是清水，应及时导渗，并加强观察，注意险情变化；若渗水严重或已开始渗出浑水，则必须迅速防治，防止滑坡、管涌等险情发生，防患于未然。

翻沙鼓水险情：①破坏机理及形态。堤坝基脚和保护带为砂卵石透水层，在水压力作用下，细颗粒被渗流冲动，发生翻沙鼓水。翻沙鼓水可发展成为管涌，容易引发堤坝溃决。②技术方案选择。处置方法则以"减势抑沙"为原则，主要采取反滤围井法、反滤铺盖法、透水压渗法、蓄水反压法等方法，即将渗水导出而降低渗水压力，鼓水而不带沙以稳定险情。

管涌险情：①破坏机理及形态。在外河高洪水位或水库高水位的水头作用下，堤坝内的细颗粒被堤坝体内流水带至出口流失，贯穿成连续通道形成管涌，如不及时抢治，容易引发决堤垮坝险情。②技术方案选择。管涌处置方法与治渗水和鼓水翻沙原理相同，做法相似，以"反滤导渗、控制涌水、留有出路"为原则，先抛石筑围消杀水势，再做滤体导水抑沙，一般在背水面处置。因管涌已快速破坏堤身，因此必须急抛石（块石、混合粗卵石）以杀水势，速堆反滤体阻土粒带出。

裂缝险情：①破坏机理及形态。裂缝产生机理大体有四种，一是堤坝水位低或水位快速下降时，引起临水坡半月形滑动，容易产生裂缝；二是高洪水位时，背水坡由于抗剪强度降低，引起滑坡裂缝，特别是背水坡脚有塘坑、堤脚软弱时，更容易发生；三是堤坝坡度较陡，暴雨渗入堤身，堤坡面下沉，引起裂缝；四是受地震影响，堤坝产生滑动，也容易产生裂缝。堤坝裂缝按其出现部位可分为表面裂缝、内部裂缝；按其走向可分为横向裂缝、纵向裂缝、龟纹裂缝。裂缝是滑坡的先兆。有些裂缝可能发展为渗透变形，有些可能发展成为滑坡，因此应善于识别裂缝的性质，判明其发生原因，分而治之。②技术方案选择。处置方法以"表面涂刷、凿槽嵌补、缝隙灌浆"为原则，先判明成因。属于滑动性或坍塌性裂缝，应先从处理滑坡和坍塌着手，否则达不到预期效果。如仅系表面裂缝，应堵塞缝口，以免雨水进入。横向裂缝多产生在堤端和堤段搭接处，如已横贯堤坝，水流易于穿越、冲刷扩宽，甚至形成决口，如部分横穿，也因缩短了浸径，浸润线抬高，使渗水加重，造成堤坝破坏。因此，对于横向裂缝，不论是否贯穿，均应迅速处理。主要处置方法有灌堵裂缝、开挖回填、横墙隔断等。

漏洞险情：①破坏机理及形态。出现漏洞的原因很多，主要是堤坝内有隐患形成。例如，堤内埋有阴沟、暗涵、屋基、棺木、蚁穴、兽洞等；或者涵洞周围填土不实，在高水位外水作用下，渗水冲动带走泥土，就形成了漏洞，或者闸门穿孔。如不及时处置。容易形成溃坝危险。②技术方案选择。处置的原则以"前堵后导，临背并举"为主，强调要抢早抢小，一气呵成；主要采取临水截堵、背水导滤、抽槽截洞等方法。在抢护时应首先在临水面找到漏洞进水口，及时堵塞，截断水源；同时在背水面漏洞出水口采取滤水的措施，制止土壤流失，防止险情扩大。切忌在背水面用不透水材料强塞硬堵，以免造成更大灾情。

跌窝险情：①破坏机理及形态。跌窝又称陷坑，一般在汛期或暴雨后堤坝突然发生局部塌陷而形成。产生主要原因：一是堤坝内有鼠、蚁、防空洞等洞穴，堤坝两端山坡接头，两工段接头填土不实等人为洞隙；二是堤坝内部涵管断裂，经渗透水土流失而形成跌窝。这种险情既破坏堤坝的完整性，又常缩短渗径，有时伴随涌水、管涌或漏洞同时发生，严重时有导致堤坝突然失事的危险。②技术方案选择。以"抓紧翻筑抢护，防止险情扩大"为原则，根据险情出现部位，采取不同措施。如跌窝处伴有渗水、管涌、漏洞等险情，采用填筑反滤导渗材料的办法处理。主要方法有翻筑回填、外帮封堵、填筑滤料等。

漫溢险情：①破坏机理及形态。形成堤坝漫溢的原因有多种：一是上游发生超标准洪水，洪水位超过堤坝的设计防御标准；二是堤防上的交通码头因车辆碾压沉落；三是河道内存在有阻水障碍物，缩小了河道的泄洪能力，抬高了水位，使水位壅高而超过堤顶；四是风浪以及地震、风暴潮等壅高了水位。漫溢险情如不及时迅速加高处置，水流即漫顶而过，产生溃坝危险。②技术方案选择。以"泄、蓄、挡为主，快速控制险情"为原则，采取相应措施，提高堤坝泄洪蓄洪能力，确保堤坝安全。"蓄"是利用上游水库或其他蓄洪区（池）进行调度调蓄。"泄"是采取临时性分洪、行洪措施，将洪水进行泄流。"挡"是采取加高堤坝的工程措施，提高堤坝防洪能力。

崩岸险情：①破坏机理及形态。堤防受环流淘刷影响，导致堤防失稳而崩塌。水库紧急泄水，洪峰过后河道中水位急涨急落，堤坝渗水外排不及时形成反向渗压，加之土体饱和后抗剪强度降低等影响，促使堤坝岸坡沿圆弧面滑塌，形成"落水险"。②技术方案选择。崩塌险情处置以"抛石护脚，增强堤坝的稳定性"为原则。主要采取缓流消浪、护石固基、提高坡面抗冲刷能力等方法。

滑坡险情：①破坏机理及形态。指坝体受洪水和地震影响，在顶部或边坡上发生裂缝，渗水进入裂缝，在渗水压力作用下，裂缝加剧发展，坝体抗剪强度降低，坝体发生错位或滑动，直至坝体渗漏，整体性受到破坏，造成堤坝结构失稳。在较高水位情况下，易产生溃坝险情。②技术方案选择。滑坡失稳处置以"上部削坡减载、下部固脚阻滑"为原则，阻止滑坡发展，恢复边坡稳定。一方面是背水面导渗还坡，另一方面在临水面同时采取帮戗措施，以减少渗流，进一步稳定堤身；如堤坝单薄、质量差，为补救削坡后造成的削弱，应采取加筑后戗的措施，予以加固；如基础不好，或靠近背水坡脚有水塘，在采取固基或填塘措施后，再行还坡。主要方法有滤水土撑法、滤水后戗法、滤水还坡法、前戗截渗法、护脚阻滑法等。

决口险情：①破坏机理及形态。主要受洪水袭击影响，堤坝坝体长时间高水位浸泡，堤体松软，水流直接正面冲击堤脚堤身，造成水下岸脚掏空陡立，堤岸脚土坡浸软饱和，抗剪强度低，从而引发决口险情。②技术方案选择。对堤坝决口的处置，以"快堵"为原则，在堤坝尚未完全溃决或决口时间不长时，可用体积物料抢堵。若堤坝已经溃决，首先在口门两边抢做裹头，及时采取保护措施，防止口门扩大。封堵方法有多种。传统方法有平堵、立堵、混合堵三种。随着科学技术的发展，新设备、新工艺、新材料不断创新，封堵的方法越来越先进。有土木组合坝封堵技术、沉箱封堵技术、铁菱角封堵技术等。采取哪种方法要根据口门过流量、水位差、地形、地质、材料供应等条件综合选定。封堵材料应尽量做到就地取材，运输方便，供应充足。进占方式可根据现场地形，采取单向进占或双向进占方式，尽量采取双向进占方式，提高封堵效率。

堰塞湖险情：①破坏机理及形态。堰塞湖是指因山洪、地震等自然因素诱发，塌方体阻塞河道或水库形成天然堤坝，根据形成原因，主要分为滑坡型、崩塌型、泥石流型。破坏形态有四种，一是阻塞原有河道水系，造成水位上涨，形成上游淹没区域；二是因其为自然破坏形成，具有不稳定性，一旦溃坝，倾泻而下，形成洪灾，对下游地区形成毁灭性破坏。三是堰塞湖的泄流或溃决都会对下游河道造成淤积，河床抬高，影响河道的行洪能力，同时也会对下游河道产生强烈冲刷，甚至迫使河道改道。四是堰塞湖泄洪后残留的堰塞体在强降雨的作用下转化为泥石流灾害的风险较高。②技术方案选择。堰塞湖险情形成诱因不同，破坏形态也不同，处置办法也不同。对稳定型堰塞湖来讲，坝体结构比较稳定和坚固，一般采取"自然留存、固堰成坝"的处置办法。对高危型堰塞湖来说，坝体极不稳定，存在溃坝险情，可疏不可堵，主要"采取开槽泄流、降低水位"的处置办法。

闸门受损险情：①破坏机理及形态。堤坝闸门承担泄洪任务，受地震或其他因素影响，闸门的机械和电气系统往往受到破坏而无法开启，不能正常泄流，水位一旦上涨，将出现漫溢险情，危及堤坝安全。②技术方案选择。以"修拆并举，确保泄洪"为原则，首要措施是对损坏闸门实施快速抢修，确保闸门正常开启，开闸泄流。在无法及时修复情况下，为保证大坝安全，可采取切割或爆破开启技术，确保正常泄流。

风浪破坏险情：①破坏机理与形态。江河、水库受超强台风或等级以上风力影响，形成风浪，引起的堤坝破坏。其有四种形态：一是浪峰直接冲击堤坝，在波谷到达时形成负压抽吸作用，带走护坡混凝土块，侵刨堤身，形成浪窝陡坎；二是壅高了水位，引起水流漫顶；三是增加了水面以上堤坝的饱和范围，减小土壤的抗剪强度，造成崩塌破坏；四是直接将堤坝门机、控制室等结构建筑物吹倒。②技术方案选择。按削减风浪冲击力和加强堤坝边坡抗冲能力的原则进行抢护。一般是利用漂浮物来削减风浪冲击力，或在堤坝坡受冲刷的范围内做防浪护坡工程，以加强堤坝的抗冲能力。抢护方法主要有挂柳防浪、挂枕防浪、木排防浪、大型编织袋防浪、土工膜袋防浪等。

（2）抢险动态信息影响。抢险开始时间、进展情况及结果：抢险中可能会遇到很多不可预知的情况，从而耽误抢险进度，掌握抢险进行的时间，对比计划与实际进度，发现问题可以及时地调整计划、优化计划。

抢险方案：抢险方案考虑到的因素往往没有实际遇到的具体，所以抢险方案在某种程度上会与实际状况有所差别，这就需要在掌握抢险方案的前提下，结合实际灵活运用，提高抢险效率。

人员投入、动用设备、消耗物资：抢险是一个争分夺秒的过程，但也是一场攻坚战，时间和战场的跨度可能都比较大，必须时刻掌握人员、物资和装备的投入使用情况，及时做好补充与维修，确保可以应对攻坚战和突发状况。

3.4 环情分析

环情主要是描述救援区域内的与应急救援相关的自然地理环境特征及其他环境条件。主要包括应急救援地域地理位置、地质条件、气候气象、交通条件、其他灾害、危险源等环境条件。

3.4.1 环情信息

环情的主要信息见表 3.4-1。

表 3.4-1   环 情 的 主 要 信 息

侦测内容	类型	技 术 信 息
环情信息	地理位置	表征应急区域的自然地理位置和人文地理位置，通过地形图、交通图、行政区划图等其揭示救援区域自然特征与人文特征
	地质条件	工程地质信息，地形地貌、岩土组分、组织结构（微观结构）、物理性质、化学性质与力学性质（特别是强度及应变）及其对稳定性的影响。地势高低起伏的变化，即地表的形态，有高原、山地、平原、丘陵、盆地五大基本地形
	气候气象	气候是大气物理特征的长期平均状态，是某一地区多年时段大气的一般状态，是该时段各种天气过程的综合表现，具有一定稳定性。有热带雨林气候、热带草原气候、温带大陆气候、温带沙漠气候等多种类型。气象是大气中的冷热、干湿、风、云、雨、雪、霜、雾、雷电等各种物理现象和物理过程的总称
	交通条件	由地理位置决定的应急救援区域天空、陆地、水路可到达条件状况。其包括空中航线、通航条件，铁路、公路、水路分布，通行、通航能力，实时交通状况
	其他灾害	因应灾害所次生的或同期发生的对应急救援有影响的自然灾害，如暴雨、山洪、泥石流、滑坡等
	危险源	指应急救援区域存在的可能导致人员伤害或疾病、物质财产损失、工作环境破坏或这些情况组合的根源或状态因素

3.4.2 环情信息对应急救援的影响

环情信息是由各种环境要素构成的综合体，它是形成应急救援战斗力的辅助性因素，它的区域差异和不断变化影响着应急救援的实施进程和结果，它能够加速或延缓进程，影响应急的效果。

3.4.2.1 地理位置分析

应急救援区域地理位置是自然环境条件中的决定性因素。地理位置决定了应急区域基本地形地貌、地质条件，气候特征等，同时对交通条件的影响巨大。同时，地理位置的不同，决定了应急地域与救援力量间的空间距离，影响机动交通工具选择、装备选择、机动时间等。另外，地理位置一定程度决定了救援所在区域一些多发的自然灾害（如滑坡、泥石流等地质灾害）和危险因素，而这些是应急救援不得不考虑的环境因素。

灾区地理位置、地形地貌对技术方案选择有较大的影响。比如水库下游是否有分洪区、周边地形是否有较低的天然垭口及枢纽布置是否有副坝，这些都是处置漫溢险情开槽泄洪首选的地方。险情所处的地形条件，也影响除险设备的选择，如地形狭窄，就限制了大型设备选用和设备数量的投入。当出现堰塞湖险情时，可以通过上下游水库的蓄洪、滞洪为除险赢得更多时间。另外，险情发生地的海拔直接决定了除险设备的选用和数量的配置（比如藏区高海拔缺氧，就应考虑设备降效问题）。

3.4.2.2　地质条件分析

水利水电设施损毁应急救援往往涉及工程技术活动，包括开挖、爆破、填筑等内容。这些活动离不开对工程地质条件的掌握，包括地层岩性、地质构造、水文地质条件、天然工程材料等诸多信息。可以说，地质条件影响到救援整体方案的确定，对作业进度、安全、质量等影响巨大。

如险情发生在极端的天气下，处置方案就要考虑气温的影响，如出现暴雨、暴雪，道路湿陷或结冰，交通问题如何解决，这都是在技术上如何应对的问题；另外要考虑极端低温对设备运行的影响。

3.4.2.3　气候气象分析

气候决定了救援区域整体较长时期大气物理特征的状态。气候信息的掌握是对应急救援地域自然条件掌握的重要方面，能从整体上认识该区域属于何种气候类型，通过该种气候类型，得知其气候特点，就可以获取在救援时段大致气温、气压、降水、湿度、雨量、风力等基本认知信息。进一步，通过对气象信息的掌握，可以更加精准地了解天气信息，包括近期冷热、干湿、风、云、雨、雪、霜、雾、雷电情况，进而对应急救援行动提供指导或修正。天候影响分析。

3.4.2.4　交通条件分析

险情发生地对外的交通和场内交通条件，直接影响除险设备的选择。道路较宽时可选用大型设备，道路较窄时就选用较小的设备来代替。如唐家山堰塞湖处置，除险设备进入堰塞体的陆路、水路不通，只能通过空中运输，这就大大限制了大型设备的投入。如鲁甸除险设备进入堰塞体右岸上游侧陆路不通，最后通过水路运输来解决，这些也是现场快速到达问题。

3.4.2.5　其他灾害分析

自然灾害发生后，往往呈现灾害链，伴随着次生灾害。如地震引起的滑坡、塌方，暴雨引发的山洪、泥石流等。这些灾害给将要开展的或正在开展的应急活动带来不利影响，威胁到应急人员和设备的安全。因此，对这些其他灾害信息的掌握可以对灾害信息有更加全面详细的掌握，采取对应的应急手段，防止其扩大，有利于提高救援效率，确保自身安全。在救援行动中要加强对次生灾害信息的侦测，避免因此带来的二次伤害。

3.4.2.6 危险源影响

危险源具有潜在能量和物质释放危险、可造成人员伤害、在一定的触发因素作用下可转化为事故。应急救援由于事发突然，时间仓促，救援要素众多，环境复杂，潜在的危险源众多。如果对危险源缺乏了解，极易引发事故，造成不必要的损失。应急救援中应对重点的部位、区域、场所、空间、岗位、设备及其位置有详尽地掌握，针对性采取预防措施。救援前应当明确险情发生区域内的污染源、危险源的分布情况，例如加油站、化工厂、天然气管道、液化气罐等，在这类区域进行救援时应当加强侦测，减少大型机械的使用，避免发生危险源爆炸以及污染源泄漏等情况。

3.5　我情分析

我情主要描述救援区域内所属的救援力量、救援资源以及救援力量的能力等情况。

3.5.1　我情信息

我情信息主要包括救援队伍、技术专家、装备、物资器材、保障能力、应急救援技术储备等物资材料、保障的能力、应急救援抢险预案技术储备等，见表 3.5-1。

表 3.5-1　　　　　　　　　我情的主要技术信息

侦测内容	类型	主要技术信息
我情信息	救援队伍	队伍名称、所属单位、创建年月、所在位置详细地址、人员数量、编制组成、装备配备情况、专业特色、任务经历、负责人及联系方式等
	技术专家	姓名、性别、出生年月、籍贯、婚姻、身体状况、文化程度、毕业时间、毕业院校、文凭、所属单位、技术工种、技术专长、技术等级、培训情况、获奖情况、任务经历、联系方式等
	装　备	编号、类型、型号、工作能力、生产时间、装备时间、技术状况、所在区域、维护情况、机长及联系方式等
	物资器材	防护用品、生命救助、生命支持、救援运载、临时食宿、污染清理、动力燃料、工程设备等类别，主要属性包括物资类别、物资型号、生产厂家、生产时间、有效时间、装备时间、技术状况、所在地点、维护情况、管理人员、联系人员等
	保障能力	保障方式、保障物资的来源、提供保障的单位机构名称及联系方式等
	应急救援技术储备	已遂行任务案例时间、地点、任务目的、投入力量情况、使用设备、投入物资以及使用的工程技术方案。是否编制了不同任务类型任务的应急救援预案，是否及时进行修订和演练，有关技术资料信息的收集汇总情况

3.5.2 我情信息对应急救援的影响

3.5.2.1 救援队伍影响

救援队伍的人员构成、指挥员的指挥能力、技术人员的技术水平、操作手的操作水平和实际经验、人机结合和整体遂行任务的水平，这些因素都影响处置方案的确定。救援力量的地理分布位置影响机动方式、机动路线的选择，一般500km左右可以选择摩托化机动，而超过1000km时，则需要考虑快速到达和长途机动带来的安全问题，往往选择铁路或空中输送。

3.5.2.2 技术专家影响

水利水电设施损毁应急救援往往时间紧迫，大多属于非常态的"急""难""险""重"任务，对技术应对能力挑战极高。技术专家在学术、技艺等方面有专门技能或专业知识全面；特别精通某一学科或某项技艺，是对某一个或几个领域有较高造诣的专业人士。采取直接参与决策、技术咨询等方式能充分发挥技术专家"智囊"作用，能及时破解难题，极大提高决策科学合理性。

3.5.2.3 装备影响

目前，随着科学技术的进步，应急救援一般以机械装备救援为主，人力救援为辅。"工欲善其事，必先利其器"，救援装备在救援活动中扮演着至关重要的作用。能大大提高救援效率，能提高安全系数，能代替人类的部分劳动。救援队伍现有的装备类型、数量、工况、覆盖范围，影响选择什么样的处置方案。

3.5.2.4 物资器材影响

应急救援物资器材是救援活动顺利开展的必要条件。应急救援物资器材影响通信是否畅通、装备能否正常运转、人员能否及时得到救助、装备能否及时得到维修保养、救援效率能否最大化发挥、救援活动能否持续等。物资器材包含防护用品、生命救助、临时食宿炊具、通信、污染清理、动力燃料、器材工具等。救援队伍所属的各类物资材料是否齐全，可调用的数量以及调用的便利性，对救援队伍的救援能力都有很大程度的影响。

3.5.2.5 保障能力影响

保障能力包括食宿保障能力、卫勤保障能力等，是救援力量本身在应急条件下，有效开展工作的必要条件，影响到任务的持续性和效率。

3.5.2.6 应急救援技术储备影响

通过日常对应急救援相关案例、预案、技术等进行收集、编制、修订等，对以后遂行任务提供借鉴，可有效提高应急救援技术应对能力，更好发挥技术支撑作用，提高救援效率。

3.6 社情分析

社情是指应急救援地域社会环境情况，包括政治因素、经济因素、宗教因素、重要社会事件等。

3.6.1 社情信息

社情的主要信息见表 3.6-1。

表 3.6-1   社情的主要信息

侦测内容	类 型	信 息
社情信息	政治因素	应急救援地域政府、教育、医疗等重要机构的分布，当地政府应急救援组织协调能力，当地应急救援组织领导机构情况
	经济因素	任务区域及周边的经济发展水平，工业和建筑业、农林牧渔业、商业、交通运输等行业发展概况，重要产业的数量和分布人口数量与分布等
	宗教因素	当地民族的种类、数量和分布，宗教信仰和生活习俗，文化教育水平等
	其他重要事件	当地的主要社会矛盾、可能发生的群体性事件和重大疫情等

3.6.2 社情信息对应急救援的影响

3.6.2.1 政治因素影响

《中华人民共和国突发事件应对法》规定，我国的应急救援施行"统一领导、综合协调、分类管理、分级负责、属地管理"的应急管理体制。同时规定"县级人民政府对本行政区域内突发事件的应对工作负责；涉及两个以上行政区域的，由有关行政区域共同的上一级人民政府负责，或者由各有关行政区域的上一级人民政府共同负责""突发事件发生地县级人民政府不能消除或者不能有效控制突发事件引起的严重社会危害的，应当及时向上级人民政府报告。上级人民政府应当及时采取措施，统一领导应急处置工作"。因此，我国的应急救援工作是在各级人民政府主导下来开展的，政府设立相关类别突发事件应急指挥机构，组织、协调、指挥突发事件应对工作。

在应急救援工作中，掌握应急救援地域政府应急指挥机构设置、人员组成、联系方式、应急指挥能力、舆情掌握能力等信息是有效参与救援，在当地政府联合指挥机构指挥下充分发挥救援效率的先决条件。同时，在应急活动中当地驻军、医疗、卫生防疫、通信等应急力量和公共服务力量也是开展应急活动的有力帮助，借助他们的力量，能有效为协同作战、卫勤保障等提供帮助。

3.6.2.2　经济因素影响

经济因素主要指应急救援地域经济发展水平、重要产业分布。经济发达地区，一般人口众多、基础设施较为齐全、物资材料充足、产业分布密集，灾害造成的损失相应较大。开展应急救援时需要保护的重点对象就与经济欠发达地区有所不同，影响救援所采取的方式、时间等。

3.6.2.3　宗教文化因素影响

我国少数民族虽然人口少，但分布地区很广，居住的面积约占全国总面积的 $50\%\sim60\%$。因此，水利水电设施分布区域多有少数民族群众聚居。而宗教文化在少数民族中有着重要、广泛深刻的影响。在开展应急救援过程中，深入民族地域，必然要与当地人民发生往来，了解当地民族分布情况，熟悉和尊重他们的宗教文化、生活习惯，是与他们保持良好关系的前提，获得他们的理解和支持帮助，走群众路线，可以及时消除可能出现的误解、化解矛盾，为应急救援工作创造有利条件。

3.6.2.4　其他重要事件影响

无论是因自然灾害还是战争、恐怖袭击等因素造成水利水电损毁，往往同时发生其他重要事件。如自然灾害引发的次生灾害，造成的疫情蔓延、社会恐慌、治安恶化。各种利益诉求带来的人员聚集、群体性事件等。在重大突发事件发生情况下，其他重要事件对不同地域当地社会的影响是不同的。主要与当地民族构成、社会治安、民生状况、应急处置效果等有关。这些重要事件往往带来交通中断、秩序混乱、人员伤亡、物资紧缺、保障困难等后果，对应急救援工作带来很大的不利影响。因此，在开展应急工作时，对应急救援区域其他重要事件的掌握，可以及早制定应对之策，最大化消除其影响。

3.7　市情分析

3.7.1　市情信息

市情主要指当地市场上可供应急救援力量使用的社会资源信息，作为自身资源不足的补充。主要有救援装备、物资材料、维修保养、运输、卫勤、给养供应等服务的储备地点、联系方式、合同协议等相关信息，见表 3.7-1。

表 3.7 - 1　　　　　　　市 情 的 主 要 信 息

侦测内容	类型	信 息 内 容
市情信息	救援装备	区域内及周边救援设备生产、销售、租赁单位的名称、地址、设备类型、数量、主要负责人、联系方式，以及可提供设备情况、储备地点和租赁、销售价格等信息
	物资材料	区域内及周边应急物资材料生产和销售单位名称、地址、物资材料类型、主要负责人、联系方式，以及现有物资材料的储备情况、储备地点和市场价格等信息
	维修保养	区域内及周边可提供应急救援设备维修、保养服务单位的名称、地址、主要负责人、联系方式，其可修理设备装备类型与修理能力和可供应的零配件类型与数量，及相关费用等信息
	运输	区域内及周边可提供装备、物资运输服务的单位的名称、地址、主要负责人、联系方式，及其运输保障能力与相关费用等信息
	卫勤	区域内及周边主要的可提供卫勤保障的单位的数量、名称、地址、主要负责人、联系方式，及其卫勤保障能力与相关费用等信息
	给养供应	区域内及周边主要的可提供食物、饮水、生活用品等供应的商家数量、名称、地址、主要负责人、联系方式，及其可提供给养类型、保障能力与相关费用等信息

3.7.2　市情信息对应急救援的影响

水利水电设施损毁应急救援是一项社会化程度很高的活动。在巨大的灾害面前，如果仅仅依靠应急救援队伍本身的力量，往往势单力薄、力不从心。采取社会化保障方式，补充应急救援力量资源不足，是目前国内外通行的做法，可以就近有效解决应急力量自我保障能力的不足，节约宝贵的应急资源。应急救援队伍遂行应急救援任务，基本的设备、物资、给养等一般以自我保障为主，但应急任务一般远离基地，应急力量一般根据险情类别、规模、发展趋势等信息携带相应的救援装备和保障装备、物资，但因时间、空间因素，携带的装备、物资不可能面面俱到、一应俱全，或随着险情变化，急需补充资源，此时需要就近依靠社会补充，以便争取时间，降低成本。因此，需要在遂行任务前或任务中有针对性地与装备、物资供应商建立联系，加强协作，了解市场供应情况和价格等信息，通过租赁、买卖等方式补充设备、器材、生活物资等。

3.7.2.1　救援装备影响

专业的水利水电设施应急救援队伍的优势在于其具有并能熟练操作使用强大的重型救援装备，如自卸车、装载机、挖掘机、起重机等。装备在应急救援中发挥着"克敌制胜"的"拳头"作用。水利水电设施应急救援过程灾情、险情往往瞬息万变，在灾情严重、险情扩大的情况下，应急救援力量自身装备如果距离较远、无法及时到达时，灵活应变，通过采购、租赁等方式就近利用地方资源，不失为有效解决装备资源短缺问题的有效手段。

3.7.2.2　物资材料影响

水利水电设施损毁应急救援，往往需要大量物资材料。如抗洪抢险所需土料、石料、钢筋、编织袋、土工织物等，土石方开挖所需炸药、雷管等，设备运行所需油料等。这些物资材料是应急救援不可或缺的物质保证，作用重大。出于储备成本、运输成本和实际情况，应急救援队伍一般无法也无必要提前储备和携带众多的救灾物资（基本的燃油、生活保障物资除外），实际中往往需要就地取材，或就近采购。

3.7.2.3　维修保养影响

维修保养主要包括对设备的维修和零配件、耗损件的更换。救援作业条件差、救援持续时间长、救援工作强度大的情况下，大部分设备都需要进行维修和更换零配件、耗损件。在救援队伍自身的维修保养能力难以满足需要的情况下，依靠社会的保障力量使装备保持良好的工作状态，使应急救援力量全身心投入救援中，而且也能节约资源。

3.7.2.4　运输影响

强大的运输能力是应急救援装备、物资、人员到达现场的前提，尤其是在险情严重、工程量大、救援期短的情况下，往往需要投入成倍的设备和材料来保证救援的效果，这对运输能力提出了极大的挑战。往往需要在短时间内，将大量的人员、装备投送到应急地域。我国交通运输行业发展迅速，运力突飞猛进，是应急救援时可依靠的优势资源。一般来说，长途人员、装备机动主要通过航空、铁路、公路、航运，在短途设备进场、物资运送、材料转运等时候，可利用社会运输力量，作为补充。

3.7.2.5　卫勤保障影响

在应急救援过程中，往往伴随人员伤亡，应急救援队伍除了保障自身的人员医疗外，往往也担负人员救治的任务。掌握社会医疗卫生力量，能够使得救援人员和受灾群众及时得到救治，减少群众伤亡的同时，也保障了救援队伍的战斗力。在应急力量自身卫勤保障能力不足或无法满足现场卫勤保障的情况下，借助社会优势医疗、卫生资源保障是提高和恢复战斗力的有效手段。

3.7.2.6　给养供应影响

"兵马未动、粮草先行"。自古以来给养是保证人员开展工作必不可少的条件。应急期间，条件艰苦、工作量大，救援人员体力消耗严重。如果给养供应出现问题，直接导致工作效率下降，进而产生士气低落、非战斗减员等问题。目前条件下，应急队伍虽然自身具备一定的自我保障能力，但持续性不长，给养保障质量还需提高。因此，在应急条件下，就近通过应急救援区域社会渠道，保证食物、饮水及必要的生活用品供应是必然的选择。

第4章
应急救援侦测的方法

水利水电设施应急救援工作的开展，需要侦测水情、工情、险情、环情、我情、社情和市情七个方面的信息，其中有静态不变的信息，也有实时变化的信息；既有已经获取到的，也有正在监测的，还有需要实地侦测的。可以说种类繁多，而且所用的信息侦测技术各有不同，但获取方式却有相似之处。根据"七情"信息参数的获取方式可以将水利水电设施应急救援侦测的方法概括为静态基本信息的搜集、信息平台的利用、巡视查险、简便器材观测、制式仪器观测、遥感技术的应用和询问与调查等几个方面。

4.1 静态基本信息的搜集

从水利水电设施应急救援的影响因素来看，"七情"信息主要包括静态基本信息和动态实时信息两大类别。其中，静态基本信息是固定不变、变化周期较长、受灾害影响不大或者其变化对救援决策影响不大的信息，见表4.1-1。

表 4.1-1　　　　　　　信息侦测内容中的静态基本信息

信息类型	侦测内容	信 息 主 要 参 数
静态基本信息	水情	校核洪水位、设计洪水位、防洪高水位、正常蓄水位、汛期限制水位、死水位、汛期运行水位、死库容、总库容、调节库容、有效库容、水库的最大泄量、水位库容关系曲线、水库水位与泄洪流速关系曲线、集雨面积、最大降水量、年平均降雨量、多年平均径流量、汛期等
	工情	堤坝结构、堤坝材质组成、堤坝形体参数（坝顶高程、长度、宽度）、水库泄洪技术参数、泄洪闸门技术参数、堰塞湖堰塞体的组成成分、水利设施建造年代、设计单位、建设单位、联络方式、存在的薄弱环节等
	险情	各类险情的技术处置方案、原则；土方工程、混凝土结构工程、地基处理与加固、爆破工程、导截流工程、钢结构工程、桩基础工程、砌筑工程、脚手架工程、结构吊装工程、防水工程、渡槽工程、水闸工程等技战法
	环情	地理地图信息、地形地貌地质、水域气象、海拔、危险源、污染源、交通条件等
	我情	救援队伍、技术专家、装备、物资材料、各救援力量的地理关系、保障的能力、应急救援抢险案例及专利技术等
	社情	当地政治、经济、人文、疫情及重要社会事件等
	市情	当地社会上存在的应急救援可利用资源（除专业救援力量外）

对于静态基本信息的搜集主要是与地方应急办、防汛抗旱指挥部、地震、交通、民政、国土等相关业务主管部门以及其他施工和救援队伍协调沟通，获取诸如水利、民政、国土、地质等国家或地方调查研究资料，从而节约侦测时间，减少不必要的时间和资源的浪费。

4.1.1 水情、工情的搜集

水情静态基本信息主要包括如设计水位、校核水位、设计库容、校核库容、集雨面积、水位流量曲线等水库、河流的基本属性的信息。工情静态基本信息主要包括堤坝、闸门、堰塞湖等构（建）筑物的基本属性的信息。这些信息都可以通过查阅水利档案或者向相关研究和管理等单位（如水利局、水科院等）咨询而获得。

我国在 2005 年 11 月颁布了《水利工程建设项目档案管理规定》（水办〔2005〕480 号），明确了水利工程档案是指水利工程在前期、实施、竣工验收等各建设阶段过程中形成的，具有保存价值的文字、图表、声像等不同形式的历史记录，包括了工程建设前期工作文件材料、工程建设管理文件材料、施工文件材料、监理文件材料和工艺及设备材料（含国外引进设备材料）文件材料等10 余类文件材料。这些资料一般都以纸质或者电子资料的形式被水利主管部门（一般为水利局、水利厅等）以及设计、施工单位留存。

4.1.2 险情的搜集

险情静态基本信息的搜集主要是指收集、整理在遂行抢险救援任务中对各类险情的技术处置方案以及常用的和最新的技战法（即技术、技能和策略）等专业技术资料，做到预有准备，为实施抢险任务提供科学的技术支撑。对于专业技术资料的收集整理，通常可以从科研机构、施工单位和遂行任务单位等机构着手。要坚持以任务为牵引，按照一种威胁多个设想、一项任务多套预案、一种情况多种处置的要求，充分考虑可能出现的复杂局面，大力开展技战法的研究和储备工作。

险情静态基本信息的搜集整理可以从抢险处置技术和抢险对象两个角度来进行。从抢险处置技术的类别上来讲，常用的主要包括土石方、混凝土、爆破和基础处理四类工程的技战法。处置各类险情的战术战法，概括起来可以用"挡、截、封、导、疏、固、泄、堵"这几个字来描述。从水利设施的抢险任务来讲，重点要加强道路抢通、堰塞湖治理抢险、堤坝决口封堵抢险、泥石流抢险、堤坝除险加固和隧洞塌方险情抢通等战法的搜集与归纳总结。

4.1.3　环情、社情、市情的搜集

在应急救援侦测"七情"中，环情、社情和市情主要涉及的是人文与社会环境方面的信息，对此可以借助于统计、国土资源、交通和工商等部门的社会调查资料。

（1）统计局资料。国家统计局成立于 1952 年，主管全国统计和国民经济核算工作。从统计局的资料库中，可以了解灾害所在区域的经济建设状况、人口数量与分布情况、宗教信仰与民俗等方面的信息。

（2）国土资源资料。国土资源部门对国土资源具有管理、监督和保护等权限，测绘和地质勘测等工作就属于其中一部分。相对其他部门机构来说，其地形地貌的绘制和地质情况的勘测更为详细、完整。

（3）交通资料。交通情况的掌握，有利于合理选择行进方式和路线，通过与交通部门的沟通协商，可以提高救援人员和装备物资运输的效率，并且通过信息技术还可以获取实时交通信息。

（4）工商资料。工商部门主要是作为政府主管市场监管和行政执法的工作部门，负责各类企业、农民专业合作社和从事经营活动的单位、个人以及外国（地区）企业常驻代表机构等市场主体的登记注册并监督管理。借助工商资料，一方面有利于在救援现场区分危险源、污染源等区域，另一方面可以获取与救援装备物资有关的社会企业单位信息，以便在急需的情况下能及时取得联系。

4.1.4　我情的搜集

我情信息的搜集主要是指对本救援队伍以及其他可能参与救援的专业救援队伍或者社会组织的实力和建设情况的了解，包括其人、装、物以及救援经历等。一般来说，我情的信息内容涉及的信息多为涉密信息，尤其是关于军警的信息，相对而言获取难度较大。

对于我情信息的搜集需要注意以下两个方面：一方面是与地方防灾减灾的主管部门协调沟通，促进各救援力量之间的交流与互助互建；另一方面是充分做好保密工作，控制知密范围，严防失泄密。

4.2　信息平台的利用

随着电子信息技术的发展，尤其是网络技术的出现之后，各行各业都步入了网络化的时代，信息变得更加系统化，信息传播也更加迅速，它们有的以公开或者半公开的形式面向广大社会，有的则以建立内部网络的形式应用于系统内部。

信息共享平台是在信息系统技术飞速发展与普及的情况下，近几十年兴起的产物，它是将各类信息以数字化的形式存储，借用网络予以发布和提供查询的工具。它最大的优点是获取方便，而且权限要求较低，可以随时查阅，程序快捷简单；其缺点是信息不够全面，不能完全依赖它完成所有信息的获取。现今，网络上的信息共享平台很多，其中对应急救援具有较大参考价值的信息平台主要有水文信息平台、气象信息平台、交通信息平台和地震信息平台等。

4.2.1 水文信息平台

目前，我国的水雨情信息共享平台及相关网站很多，例如国家的中国水文信息网，流域水文信息网，各省级行政区的水文遥测信息网、防汛抗旱信息网和水文信息网等，以及县（区）的水利局官网等。各类水雨情信息共享平台的信息发布基本上属于公开式的，一般用户无须注册登录即可浏览部分信息，但这些信息对于专业应急救援侦测来说还不足以完全满足要求，这就需要与相关单位联系沟通，进而获得提取内部信息的权限。这些信息可以总的概括为两大类：一类是由历史信息组成的数据库；另一类是实时更新的即时信息。

历史数据库的内容包括区域或流域内历年的降水量、径流量、流速、流量等历史信息，其来源主要是对下级部门上报的信息和平时观测站监测得到的信息进行的汇总，一般以水文年报、水文月报和水文日报等形式存储。即时信息的内容包括天候、水位、流速、流量等，它主要的来源是所属区域内水文观测站的上报信息，信息获取方式主要有自动化水雨情侦测系统和人工测量。

现今的水文观测站一般使用到的仪器设备主要有：①流量测验设备：超声波明渠（河流）测流仪；②流速测量设备：旋桨式高流速仪、旋桨式流速仪、数字流速流向仪；③水位观测仪器设备：水位标尺、无线传输浮子式水位计、水介质超声波水位计、雷达水位计；④降水量观测仪器设备：雨量信息采集系统、翻斗式雨量计；⑤蒸发仪器：数字水面蒸发传感器、遥测蒸发器、水面蒸发器；⑥巡测设备：小型桥测摩托车、中型水文桥测车、大型水文巡测车。

4.2.2 气象信息平台

获取气象信息的平台除了传统的气象知识杂志、气象服务电话、气象声讯电话、气象电视频道等传统模式之外，网络手段是当今大众获取气象信息最为快捷的方式。据初步统计，目前，我国提供气象信息服务的网站有上千个，百度排名靠前的有中国天气网、2345天气预报、中央气象台、新浪天气、腾讯天气、天气在线、hao123天气、搜狗网址导航天气、搜狐天气、360天气、天气网等。手机应用软件中关于天气的App则有500多种，用户数量较多的有墨迹天气、中华万年历、360天气、天气通、365日历、GO天气、最美天气、知趣天气和中国天气通等。

在众多的气象服务网站中，中央气象台网站的气象信息无疑是最权威、最全面的。中央气象台成立于 1950 年 3 月 1 日，是全国天气预报、气象预测、气候变化研究、气象信息收集分发服务的国家中心，也是世界气象组织亚洲区域气象中心。中央气象台网，包含天气实况、城市预报、天气预报、台风海洋、环境气象、农业气象、水文地质、数值预报等众多功能模块，提供气象实况、气象预报、气象灾害预警等服务，普通用户都可以对相关信息进行查阅。

4.2.3　交通信息平台

最为被大众熟知的交通信息平台就是电子地图，例如百度地图、谷歌地图等，它们已经融入普通大众的生活当中，只需要输入始发地和目的地，就能自动生成不同出行方式的不同路径，加上 GPS 导航的使用，即使是处于陌生的地方也能快速找到出行路径，甚至于还可以搜索周边信息，十分方便、快捷。此外，还可以在电子地图上查看城市交通路况，进而合理选择出行时间和路径。

当然，在应急救援中可以利用这种交通信息共享平台，为任务决策提供参考。但是，仅仅是这些面向社会公开式的信息还不足以完全满足应急救援的需求。①交通信息还需增添区域内所有的运输工具和交通设施情况。其中，运输工具情况主要包含长途汽车、火车、飞机等运输工具的线路、车次和发车时间等，以便于在紧急情况下的临时调用；交通设施情况主要包含道路、桥梁的建设等级、设计标准、路况等基础信息，以利于判断抢险设备运输车能否顺利通过。②电子地图的交通道路还不够全面，缺少山区道路情况，不利于决策判断。这些都需要在网络资源的基础上进行补充，使得所需信息更加完整。

4.2.4　地震信息平台

近年来随着地震信息服务的不断发展，其传播方式已由过去的电视、广播、报纸逐渐转向以网络平台为基础的传播方式。其中，门户网站、电子报纸、移动终端和交流平台等信息传播，加快了地震信息服务的效率和范围。同时由于地震行业的特殊性，一些地震速报信息要求及时、准确地传播出去，更是加快了地震信息服务传播的高速发展。

当今，网络互动交流应用平台日益受到社会公众的认可，微博、微信、手机客户端等已被公众广泛使用，并取得了很好的效果。充分利用这些资源优势并结合地震信息服务的特点，中国地震台网中心相继推出了地震资讯微博、地震速报微博、救援队博客和网站地震专辑，以及地震速报信息、地震科普知识、地震行业动向等，为公众提供了丰富的地震信息服务。社会公众都可以通过上述各种渠道及时了解地震的相关信息，掌握震情灾情、地震科技动向、地震科普知识等。

4.3 巡视查险

巡视查险是指专门派遣人员针对重点区域和危险段反复进行险情检查的方法，力求做到早发现早处置，将险情消灭于萌芽之中，通常这种方法主要应用于重点水工建筑物的查险中。

4.3.1 巡堤（坝）查险

巡堤（坝）查险主要依靠沿江（河、湖）群众进行，一般以建制班（组）为单位，单独或加强技术人员轮流执行巡查任务。巡查的次数及人数，视水情、险情和堤坝的工情灵活安排，接近警戒水位或雨水较多的时候，应当适当增加巡查班次和人员数量，并实行昼夜轮流巡查。巡查人员随身携带险情记录本、尺子、锹、旗帜、报警器、口哨、雨具及照明设备等。巡堤查险示意图见图 4.3-1。

图 4.3-1　巡堤查险示意图

4.3.1.1 巡查方法

巡查时要明确班组内每名成员的职责和巡查范围，确保巡查严肃认真，避免敷衍了事。

（1）三人巡查临水坡面（视坡长可适当增加人员），分别位于临水堤（坝）肩、临水堤（坝）半坡、水边三处并向相同一方向巡查。沿水边巡查的人员要不断用探水杆探摸，借波浪起伏的间隙查看堤（坝）坡有无险情。另外两人注意观察水面有无漩涡等异常现象，并观察堤（坝）坡有无裂缝、塌陷、滑坡等险情发生。

（2）三人巡查背水坡面（视坡长可适当增加人员），分别位于背水堤（坝）肩、背水堤（坝）半坡、堤（坝）脚三处并向同一方向巡查，主要观察背水坡及堤（坝）脚附近有无渗水、管涌、裂缝、滑坡、漏洞等险情。

（3）对背水堤（坝）脚外 50～500m 范围内的地面及积水坑塘、洼地、水井、沟渠等，应组织专门人员进行巡查，反复检查有无管涌、翻沙、渗水等现象，并注意观察其发展变化情况。

（4）对于检查出险情的部位应当以旗帜作为标志，并指定专人定点观测或适当增加巡查次数，及时采取处理措施，并向上级报告。

（5）巡查时视情况紧急程度，可以先查临水坡后查背水坡，也可同步进行，当堤（坝）较长时，可采用两班交叉巡查的方法。

4.3.1.2　制度

（1）巡查制度。巡查人员应了解掌握堤（坝）段的历史情况和现存的险点、薄弱环节及防守重点。巡查人员必须听从指挥，坚守岗位，严格按照巡查办法及注意事项进行工作。

（2）交接班制度。交接班时，上一班的班（组）长必须将已巡查地段出现的问题向下一班交代清楚（包括水情、工情、物料的存放地点及需要注意的事项等），对尚未查清的可疑现象，要共同巡查一次，详细介绍其发生、发展变化情况。

（3）值班制度。巡视查险的各级负责人，必须轮流值班，坚守岗位，掌握换班和巡查时间，了解巡查情况，解决发现的问题，做好巡查记录，及时向上级汇报巡查情况。

（4）汇报制度。交接班时，巡查班组长要向值班员汇报上一班巡查情况，值班员每日上报一次巡查情况，发现险情要随时上报并进行处理，处理情况要及时上报。

4.3.1.3　注意事项

（1）巡查、休息、交接班时间，由巡查负责人统一掌握，执行任务途中不得休息，不到规定时间不得离开岗位。

（2）巡查时必须带锹、口哨、探水杆等工具，夜间巡查时，一人持手电筒在前，一人拿探水杆探水，一人观测水的动静，仔细查看。

（3）巡查中发现可疑情况，应报由技术人员进一步详细检查，探明原因。

（4）巡查人员必须认真负责，不放松一刻，不忽视一点。

4.3.1.4　报警方法

（1）出现险情后，报警信号可视当地的情况规定，通常主要由口哨报警、电台（电话）报警、锣鼓报警，有条件的可以采用手机、对讲机、报警器等报警。

（2）出险标志。出险、抢险地点，白天挂红旗，夜间挂红灯或点火，作为出险的标志。

4.3.2 堤防查险

堤防的安全情况是在不断变化的。促使堤防安全发生变化的因素主要有：坝体和坝基的变形，渗透水流的作用，雨水和风浪的淘刷，动物的破坏活动以及其他自然条件的变化。土坝安全情况的变化，往往直接或间接地反映为坝面上的异常现象，例如散浸（渗水）、管涌、裂缝、滑坡、漏洞、坍塌、漫溢、跌窝等。对堤坝检查的主要内容有以下几个方面：

（1）检查堤坝有无散浸（渗水）、管涌、裂缝、滑坡、漏洞、坍塌、漫溢、跌窝等险情发生。

（2）检查风浪对堤坝堤基的破坏，包括护坡块石有无翻起、松动、塌陷、架空、风化变质等现象，以及护坡草皮、防浪林的情况等。

（3）检查堤坝有无虫害（如白蚁）、害兽（獾、狐、鼠等）活动痕迹，发现后及时对洞穴加以处理。同时观察堤坝有无挖坑、取土、开缺口、放牧及耕种农作物、搭棚屋等人为破坏情况。

（4）检查堤坝表面排水系统，注意有无裂缝或破坏，沟内有无障碍阻水或泥沙淤积。

4.3.3 河道防护工程的查险

河道防护工程是指保护大堤临河一侧的工程，保护滩地并控制河势的控导工程以及少数为保护滩地村庄的护村工程。其结构型式主要是坝、垛及护岸三种。防护工程是保障大堤安全的前沿阵地，往往又是主流顶冲之处，水深流急极易出险，应特别加强检查。检查时应观察建筑物有无裂缝、坍塌、沉陷、倾斜、块石松动破坏、垫层流失等现象。同时，密切注意本河段的河势变化，观察上下游河湾演变趋势，河中洲滩及岸边滩的冲淤移动，险工附近有无漩涡、泡水及回流现象等。

另外，河道防护工程大多以抛石作为基础，由于防护工程所在处大多是水深流急的主流顶冲区，因此经常发生基础根石沉陷和走失，严重威胁工程安全，故应经常探测基础根石的稳定情况。

4.3.4 其他建筑物查险

其他建筑物的查险是指针对闸门、溢洪道、涵管等建筑物的工况进行检查，以防险情的发生。

（1）观察建筑物各部件有无裂缝、渗漏、管涌、坍塌、倾斜、滑动现象，表面有无脱壳松动或侵蚀现象。

（2）检查涵管附近土堤与闸墙、翼墙联结部分有无缝隙、渗漏、蛰陷、水沟损坏等现象。

（3）对输水、泄水建筑物的进口段、弯段、岔管段和溢流段堰面等部位，过流后应观察有无气蚀磨损或剥落钢筋外露等现象，建筑物末端的边墙底板有无淘刷，排水孔有无堵塞等现象。

（4）观察伸缩缝内填充物有无流失或漏水现象。

（5）检查金属结构是否出现裂纹或焊接开裂，表面油漆是否剥落和生锈。铆接结构应检查铆钉是否松动脱落。木结构有无腐蚀、开裂、虫蛀、脱榫、弯曲等现象。

（6）钢板衬砌和钢管、金属闸门的框架和面板，应注意观察有无不正常变形，有无气蚀和磨损。

（7）注意对关闸和泄水时闸前水流流态及漂浮物的观察。进水口段水流是否顺直，出水口水流形态是否稳定，拦污栅是否堵塞壅水。监视上游河湾发展，沙滩动态及其可能对取水口的影响。

4.4　简便器材观测

通过巡视查险发现险情后，必须迅速利用现有器材工具对险情的详细信息（如位置、尺寸等）进行进一步的确定，以便制定处置措施。由于经济、环境等条件的限制，通常在堤坝险情侦测中会使用一些所需器材易于获取、制作和操作，并且行之有效的方法。

4.4.1　水面观察法

在水浅无风浪时，管涌进水口附近的水体易出现漩涡，如果看到漩涡，即可确定漩涡下游管涌的进口，如漩涡不明显，可将碎草和纸屑等漂浮物撒于水面，如果发现这些漂浮物在水面打旋或集中一处，即表明此处水下有进水口。在夜间，除用照明设备进行查看外，也可用柴草扎成数个漂浮物，用竹签串上几个蓖麻子，点燃后，插在漂浮物上，在堤坝段上游将漂浮物放入水中，待流到洞口附近，借火光观察漂浮物有无旋转现象。

4.4.2　示踪法

在堤坝段临水面，分段分期撒放石灰、烟灰、墨水或易溶于水的带色颜料等，记录每次投放时间，并安排专人在堤坝背水坡出水口处观察，如发现出水口水流颜色改变，并记录时间，即可判断进水口位置和渗透流速大小。然后更换带色颜料，进一步缩小投放范围，可准确找出管涌、漏洞进水口位置。

4.4.3 探摸水温法

夜晚无法观察时，可以耳伏地探听异常声音，也可用手、足摸探水温，判断是渗水还是流水。一般清水较河水凉一些，浑水水温则与河水水温相近，必要时还可用口舌添尝漏水有无泥土气味。

4.4.4 漏探法

漏探法也称为麻秆探洞法。取两块矩形薄铁片，中间各剪半条缝，相互卡成"十"字形，系牢在麻秆下端。麻秆的长度视水深而定。麻秆上端用铁丝系以葫芦或木块等物，使其漂浮于水面，上边插小旗或鸡翎作标志。铁片的重量或配重以能把麻秆竖直，并使其上端露出水面约 10cm 为宜。使用时在顶端拴上细线，抛在有险情地段的上游，麻秆漂浮到进水洞口时，必然旋转下降，再顺细线探摸即可找到洞口。探摸时，由近至远，在上游多做几次，也可以一次扔出多个麻秆。在夜间，可用电灯泡作为标志，取柳棍代替麻秆，下端做法不变，上端用直径约 2cm 的半个圆形葫芦，将电池与灯泡安置其中，并使灯泡明亮，葫芦边沿再插 3～4 面小旗。漏探法用具示意图见图 4.4－1。

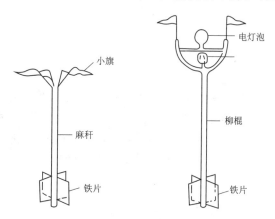

图 4.4－1 漏探法用具示意图

4.4.5 水下探摸法

有的洞口位于水深流急之处，水面看不到漩涡，可潜水探摸。其方法是，一人站在临水坡或水中，将长杆（一般长 5～6m）插入探摸处，要插牢并保持稳定，另派水性好的 1～2 人扶杆探摸。一处不得，移位探摸，如杆多人多，也可分组同时进行。此法危险性较大，探摸人员有可能被吸入漏洞中，下水的人必须腰系安全绳，还应手持短杆（杆长 3～4m，一端捆扎一些短布条，探摸人持另一端，当遇到洞口时，水流吸力将短布条吸住，移动困难），由上而下，由近至远，左右寻找并缓慢前进。事先规定好拉放绳的信号，安全绳应系在堤顶的木桩上，并设专人负责拉放，以策安全。此外，在流缓的情况下，还可以采用数人并排探摸的方法查找洞口，即由熟悉水性对的人员排成横列，个高水性好的人在下边，手臂相挽，用脚踩探，凭感觉找洞口，同时还应备好长杆或梯子及绳索等，供下水人员把扶，以策安全。

4.4.6　布幕、席片探漏法

在临水坡较平坦的情况下，将布幕或席片，用绳索挂好，并适当坠以重物，使其沉没水中并紧贴坡面移动，上下拉动，如感到拉拖突然费劲，辨明不是有石块、木桩或树根等物阻挡，且出水口水流减弱，就说明这里有漏洞或管涌。

4.4.7　竹竿钓球探洞法

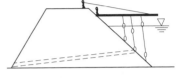

图 4.4-2　竹竿钓球探洞法示意图

竹竿钓球探洞法示意图见图 4.4-2。

在长竹竿上系线绳，线绳中间用一小网兜装小皮球，线绳下系一小铁片。探摸洞口时，一人持杆，一人持绳，沿堤顺水流方向前进，如遇漏洞，小铁片将被吸到洞口附近，水面上的皮球被吸入水面以下，据此可以寻找洞口。

4.5　制式仪器观测

在应急救援侦测中，简便器材的观测往往只适用于险情的定性分析，而救援决策的制定还需要进行高精准的量化计算，需要借助于专业的制式仪器设备获取一些重要的信息。通常在实际应急救援信息侦测中，我们一般需要应用到的仪器主要包括音视频采集、大地测绘、地质勘测、气象观测、水文测量、变形监测和内部隐患检测等。

4.5.1　音视频采集

音视频采集仪器主要是指用于对现场环境、抢险动态以及抢险对象的外观等信息进行采集的仪器。常用的仪器主要是照相机、摄像机等常规仪器，特殊情况下也可使用智能手机代替。此外，还有一些救援专用拍摄仪器设备，其中应用最为广泛、效果最好的就是无线图像传输系统，简称无线图传系统。

无线图传系统由摄像设备和数据处理传输设备两部分组成，它从应用层面来说分为两大类：一类是固定点的图像监控传输系统；另一类是移动视频图像传输系统。

固定点的图像监控传输系统，主要应用在闭路监控不便于实现的场合，例如河流水利的视频和数据监控、森林防火监控系统、城市安全监控等，在实际抢险过程中应用较少。

相对于固定点的图像监控传输系统，移动视频图像传输系统在救援侦测中应用更多，主要可以分为单兵（肩负式）图传系统、车载图传系统、机载图传系统，见图 4.5-1～图 4.5-3。单兵图传系统的摄像设备与处理传输设备一般以有线连接，可以随着背负人员的移动而拍摄任何人员可以到达的区域的现场画面信息，但受设备体积的影响，其存储的数据量较少；车载图传系统将图传设备安装于汽车内，设备体积不受限制，存储的数据量大，但是拍摄区域局限于车辆能到达的范围；机载图传系统是将图像拍摄设备安置于飞机、无人机或其他飞行器之上，以无线传输的方式将所拍摄的数据传输到地面接收仪器，视野宽广，拍摄范围大，但受天候的影响较大。

图 4.5-1 单兵（背负式）图传系统

图 4.5-2 车载图传系统

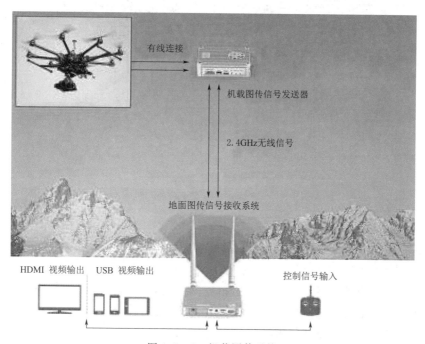

图 4.5-3 机载图传系统

4.5.2 大地测绘

大地测绘主要是用于对抢险对象的几何参数（距离、长、宽、高等）与任务量，抢险区域的地形地貌等数据进行测量，一般包括水上测绘和水下测绘。

4.5.2.1 水上测绘

救援侦测中的水上测绘主要是对于地表的各种定向、测距、测角、测高、测图等方面的测绘。常用的测绘仪器主要有以下几种。

1. 水准仪

水准仪主要是用于测量两点之间高差的仪器，在控制、地形和施工放样等测量工作中应用广泛，由望远镜、水准器和基座等部件组成。按其构造，水准仪可分为定镜水准仪、转镜水准仪、微倾水准仪和自动安平水准仪。中国水准仪的系列标准主要有：DS05、DS1、DS3（见图 4.5 - 4）、DS10、DS20 等型号（"DS"代表大地测量水准仪，数字代表该类仪器以毫米为单位表示的每千米水准测量高差的偶然中误差）。

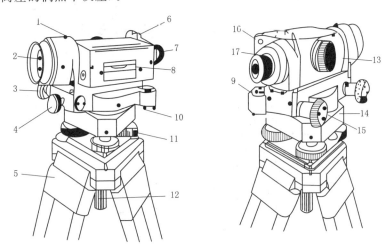

图 4.5 - 4　DS3 型水准仪

1—准星；2—物镜；3—微动螺旋；4—制动螺旋；5—三脚架；6—照门；7—目镜；8—水准管；
9—圆水准器；10—圆水准校正螺旋；11—脚螺旋；12—连接螺旋；13—物镜调焦螺旋；
14—基座；15—微倾螺旋；16—水准管气泡观察窗；17—目镜调焦螺旋

在普通水准仪上配置激光发射与接收专用配件时，可以组成激光水准仪。

2. 经纬仪

经纬仪是测量水平角和竖直角的角度测量仪器，与水准仪的配合使用在控制、地形和施工放样等测量工作中应用广泛。经纬仪由望远镜、水平度盘与垂直度盘和基座等部件组成，按照读数的方式可以分为游标经纬仪、光学经纬仪和电子经纬仪。中国经纬仪系列主要有：DJ07、DJ1、DJ6（见图 4.5 - 5）、

DJ15、DJ60六个型号（"DJ"代表大地测量经纬仪，数字代表该类仪器以秒为单位表示的一测回水平方向的中误差）。

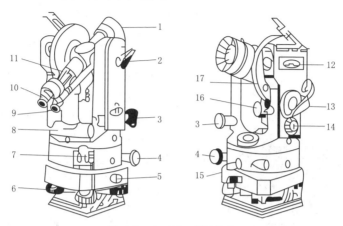

图4.5-5 DJ6型经纬仪

1—望远镜物镜；2—望远镜制动螺旋；3—望远镜微动螺旋；4—水平微动螺旋；5—轴座固定螺旋；
6—脚螺旋；7—复测器扳手；8—水准管；9—读数显微镜；10—望远镜目镜；11—对光螺旋；
12—竖盘指标水准管；13—反光镜；14—测微轮；15—水平制动螺旋；
16—竖盘指标水准管微动螺旋；17—竖盘外壳

在普通经纬仪上配置一些专业配件，可以组成激光经纬仪、坡面经纬仪、陀螺经纬仪、矿山经纬仪、摄影经纬仪等专用仪器。

3. 测距仪

测距仪是指用于测量两点之间距离的仪器的统称，具有测量精度高、小型轻便等特点，较为常见的测距仪是以光电为测距信号测量距离的，如激光测距仪和电磁波测距仪。其工作原理是：测距仪在工作时向目标发射光电信号，由光电元件接收目标反射回来的光电信号，计时器测定光电信号从发射到接收的时间，从而计算出观测者到目标的距离。手持式激光测距仪、相位式光电测距仪分别见图4.5-6和图4.5-7。

图4.5-6 手持式激光测距仪

图4.5-7 相位式光电测距仪

4. 全站仪

全站仪也称为电子速测仪，是由电子经纬仪、电磁波测距仪、微型计算机、程序模块、存储器和自动记录装置组成的，用于快速进行测距、测角、计算和记录等多功能的电子测量仪器，见图 4.5-8。全站仪适用于工程测量和大比例尺的地形测量，能为建立数字地面模型提供解析数据，使地面测量趋于自动化，还可对活动目标做跟踪测量。按照组装特点，全站仪分为整体式和组合式两类，整体式就是各功能部件全部整体组合，可以自动显示斜距、角度等，自动化程度较高；组合式就是按照需要对各功能部件进行组装，灵活性较高。

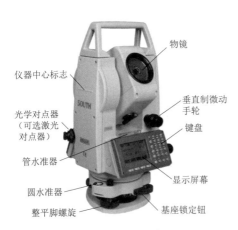

物镜

仪器中心标志

垂直制微动
手轮

键盘

光学对点器
（可选激光
对点器）

管水准器

显示屏幕

圆水准器

整平脚螺旋

基座锁定钮

图 4.5-8 全站仪

5. 三维激光扫描仪

三维激光扫描技术（3D laser scanning technology）是一门新兴的测绘技术，集光学、机械、电子等各种技术于一身，是从传统测绘计量技术并经过精密的传感工艺整合及多种现代高科技手段集成而发展起来的，是测绘领域继 GPS 技术之后的又一次技术革命，又称"实景复制技术"。

三维激光扫描测量技术克服了传统测量技术的局限性，采用非接触主动测量方式直接获取高精度三维数据，能够对任意物体进行扫描，且没有白天和黑夜的限制，快速将现实世界的信息转换成可以处理的数据。三维激光扫描实物和大场景三维激光扫描仪效果图见图 4.5-9 和图 4.5-10。它具有扫描速度快、实时性强、精度高、主动性强、全数字特征等特点，其输出格式可以直接与 CAD、三维动画等工具软件接口。

图 4.5-9 三维激光扫描仪实物

4.5.2.2 水下测绘

水下测绘是指对江河、湖泊等水下地形进行测量，它最基础也最重要的工作是定位和测深。

图 4.5-10 大场景三维激光扫描仪效果图

1. 定位技术

（1）光学定位。在视野可及的范围内（10km 以内），可采用光学定位法，所使用到的仪器有经纬仪、测距仪、全站仪等，定位方法主要有前方交会法、后方交会法（见图 4.5-11）、侧方交会法、极距法。水下地形测量采用光学定位法进行定位的计算方法和原理与陆地测量一致。光学定位法的操作简单、使用方便、比较经济，但是测量的作用距离短，还需要依赖陆地测站的配合。

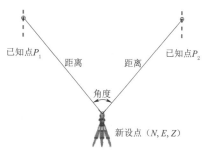

图 4.5-11 后方交会法示意图

（2）无线电定位。无线电定位是以岸台为基础，采用无线电信号进行定位的方法，按照工作方式，可分为测距定位和测距差定位。测距定位系统具有测距精度高的优点，但是作用距离较小，接收船只的数量受限，通常用于近程定位；测距差定位具有作用距离大、接收船台数量不限的优势，但是定位精度不高，主要用于中、远程定位系统。基于船载基站的海上无线电定位技术示意图见图 4.5-12。

（3）水声定位。水声定位的原理是在某一局部水域的底部设置若干个水下声标，首先测定这些水下声标的相对位置，然后测量确定船只相对路上大地测量控制网位置的同时，确定船只相对水下声标的位置，这样就可以确保水下声标在陆地统一坐标系统的坐标。之后实施测量定位时，水下声标接收待测载体发出的声波信号后发出应答信号，通过测定声波在水中的传播时间和相位变化，就可以计算出声标到载体的距离或距离差，从而测定载体的位置。

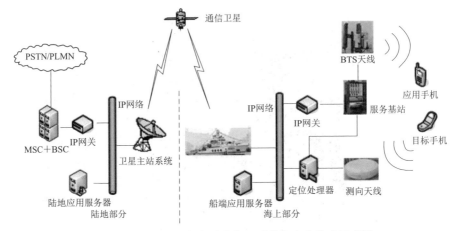

图 4.5 - 12　基于船载基站的海上无线电定位技术示意图

　　水声定位技术需要设置声基阵，是目前应用最广泛的一种水下定位技术。水声定位示意图见图 4.5 - 13。根据声学定位系统定位基线的长度，传统上将定位系统分为 3 种类型：长基线定位系统（LBL）、短基线定位系统（SBL）和超短基线定位系统（SSBL /USBL）。

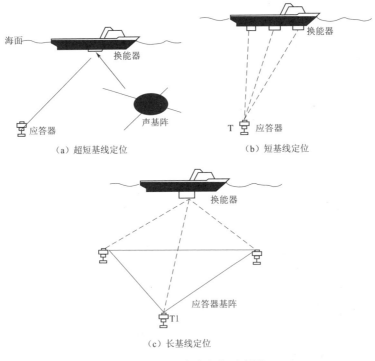

图 4.5 - 13　水声定位示意图

（4）卫星定位。卫星定位即采用卫星定位系统来实施定位，目前全球的卫星定位系统主要有美国的 GPS 导航卫星系统、俄罗斯的"格洛纳斯"导航卫星系统、欧盟的"伽利略"导航卫星系统和我国的"北斗"导航卫星系统。其中，GPS 卫星导航系统的应用最为广泛，也是目前性能最为稳定、精度较高的卫星定位方式，但出于国家自身利益的考虑，美国在敏感时期会对 GPS 信号实施加密、人为降低定位精度，用户在使用时会受到限制。北斗卫星导航系统是我国自主研制，由空间端、地面端和用户端三部分组成，可在全球范围内全天候、全天时为各类用户提供高精度、高可靠定位、导航、授时服务，并具短报文通信能力。

此外，由 GPS 定位和水声定位相结合的联合定位系统，又称为水下 GPS 定位系统，见图 4.5-14。它是利用水声相对定位技术将 GPS 水面高精度定位能力向水下延伸，使潜器在工作潜深就可以直接获得自身的大地经纬度坐标，且定位精度可以保证与 GPS 水面定位精度在同一量级。在国家"863"计划的资助下，水下高精度立体定位导航系统被列入我国"十五"期间海洋监测技术主体的发展项目之一，并进行了产品的研制开发，以适应大陆架区水下载体和拖体、特殊水下工程高精度定位的要求。它集成 GPS 定位技术、声呐浮标技术、高精度时钟和水下通信技术，可基本满足今后长时间内海洋开发、海洋高新技术发展对水下高精度定位导航的需要。这是继美国和法国之后，我国自主研制开发的精度好、功能强、自动化程度高的水下 GPS 定位系统。该系统不但可用于水上（海面、沿岸陆地或飞机上）对水下目标跟踪监视和动态定位，还率先利用

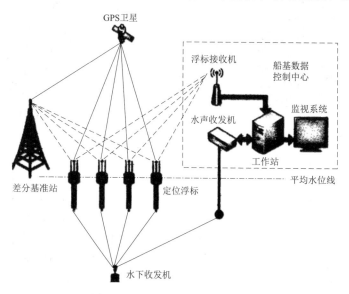

图 4.5-14 水下 GPS 定位系统

GPS 技术实现了水下设备导航、水下目标瞬时水深监测、水下授时、水下工程测量控制和工程结构放样等功能。

2. 测深技术

(1) 测深杆和测深锤。测深杆是金属或其他材料制成并带有地盘和标度、可供读数的一种用于测量水深的刚性标度杆；测深锤，也叫测深绳，由重锤和带有刻度标识的绳子构成，见图 4.5-15。测深杆和测深锤的测量精度差、效率低，但是最为简便、经济实用。

（a）测深杆　　　　　　　　　　　　　（b）测深锤

图 4.5-15　测深杆和测深锤

(2) 回声测深仪。回声测深仪（见图 4.5-16）出现于 20 世纪 20 年代，其原理是利用水声换能器垂直向下发射声波并接收水底回波，根据回波时间来确定被测点的水深。将回声测深仪安置在测量船上，随着船只在水上航行，可以测得一条水深线，通过水深的变化，可以了解水下地形地貌的情况。回声测深仪的优点是快速，并可以得到连续的记录，但是传统的回声测深仪都是单波束的，每发射一次声波只能得到测量船正下方一点的水深，因而获得的都是线测量数据，而测线之间的地形地貌只能以内插法的方式获得，其结果与实际的地形有所偏差。

图 4.5-16　回声测深仪

(3) 多波束测深仪。多波束测深技术出现于 20 世纪 70 年代，是在单波束测深的基础上发展起来的。其基本测深原理与单波束测深一致，但是它是通过换能器向下发射扇形脉冲信号，因而可以一次性测得与测量船航向垂直的几十至几百甚至上千个水深值，测量效率很高，能实现水下地形的全覆盖。多波束测深仪测深示意图见图 4.5-17。

(4) 侧扫声呐。侧扫声呐可以显示微地貌形态和分布，可以得到连续的具

图 4.5-17 多波束测深仪测深示意图

有一定宽度的二维水底图像。它由拖鱼式换能器、拖曳电缆和显示控制平台组成,换能器向两侧发出扇形声波波速,可以使声波照射拖鱼两侧各一条狭窄的水底,水底各点的反射波以不同的时间差返回换能器,换能器将反射声波信号转换为不同强度的电脉冲信号,电脉冲信号的幅度高低就包含了对应水底的地貌起伏。侧扫声呐系统组成见图 4.5-18。传统的侧扫声呐只能得到二维的声图,无法得到水深,三维侧扫声呐的研发弥补了这一缺陷。

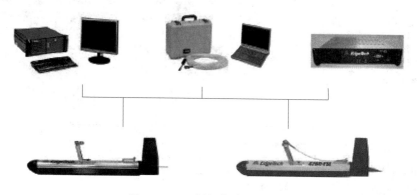

图 4.5-18 侧扫声呐系统组成

(5) 激光测深系统。激光测深的原理是同时发射红、绿两组激光束,红光脉冲被水面反射,绿光穿透水面到达水底后反射回来,根据两束激光接收的时间差来计算水深。激光测深仪器主要有手持式、船载式、机载式,效率和灵活性都很高,使用方便。随着电子技术的发展,导航系统、数据处理分析系统、控制监视系统和地面处理系统逐渐被应用到激光测深技术上,激光测深仪成了自动化的实时水深测量仪器。但是，受激光的穿透性能影响，激光测深仪的测深能力受水体浑浊度影响较大。机载激光测深系统见图 4.5-19。

图 4.5-19　机载激光测深系统

（6）超声波测深仪。超声波测深仪是一种适用于江河湖泊、水库航道、港口码头、沿海、深海的水下断面和水下地形测量以及导航、水下物探等诸多水域的水深测量仪器，主要由便携式机箱、传感器、微型打印机、支架和信号电缆以及上位机软件等部分组成。超声波测深仪的工作原理是根据超声波能在均匀介质中匀速直线传播，遇不同介质面产生反射的原理设计而成的，它是以水体为超声波媒介，测深时将超声波换能器放置于水下一定位置，换能器到水底的深度可以根据超声波在水中的传播速度和超声波信号发射出去到接收回来的时间间隔计算出来。手持式超声波测深仪见图 4.5-20 。

图 4.5-20　手持式超声波测深仪

4.5.3　地质勘测

地质勘测是指对抢险区域范围内的基本地质情况进行探明的工作，通常采用坑探、钻探、物探和地质填图等方法。

4.5.3.1　坑探

坑探是指采用人工或机械进行剥土，或开挖探坑、探槽、探井或平硐等揭示地表浅层地质情况的勘探手段，可直接进行试验、取样和观察地质现象，使用的工具和技术要求相对简单，故而是在野外进行地表浅层地质勘测时必不可少的一种技术手段，其缺点是勘探深度有限。坑探采样见图 4.5-21。

在对探坑或探槽进行开挖时，为保证探坑和探槽壁的稳定性，必要时要做到坑壁与坑底成 90°角，或对两者交界处进行支护。对于浅层开挖的探坑，采用倾斜的坑壁较为经济；对于深层开挖，使用支护较为经济。

4.5.3.2 钻探

为了在覆盖层或岩石层取原状土样，划分岩层类型，以及测定岩层性质而钻取的垂直、倾斜或水平的钻孔称作钻探。它是利用钻探机械转动带动钻杆和钻头，向地下钻

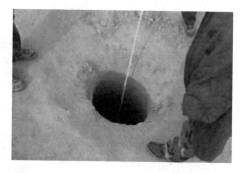

图 4.5 - 21　坑探采样

凿直径小、深度不等的圆孔，从而采取底层样品作观察，获取各种地质资料信息。用于钻进和取样的机具主要包括电动机、水泵或空压机、绞车和钻架。在钻探过程中，为防止由于应力释放而造成的孔壁坍塌和孔底隆起，当钻孔深度在地下水位以下时，采用套管或用冲洗液、水泥浆等做稳定处理。野外钻探见图 4.5 - 22。

4.5.3.3 物探

地球物理勘探简称物探，它是应用观测仪器测量被勘探区的地球物理场，通过对测量场数据的处理和地质解译来推断和发现地下可能存在的局部地质体、地质构造的位置、埋深、大小及其属性的科学。工程物探方法主要有以位场理论为基础的重力场勘探、磁场勘探、直流电场勘探等，以及以波动理论为基础的地震波勘探、电磁波勘探等。野外物探见图 4.5 - 23。

图 4.5 - 22　野外钻探

图 4.5 - 23　野外物探

1. 重、磁位场勘探

重、磁场勘探是最古老的一种物探方法，相对于地震勘探来说，其精度和可靠度较差。现今，随着一些高精度的重力仪、磁力仪的研发和使用，重、磁位场勘探的精度有了很大程度的提高。微伽级重力仪的使用，使得重力测量被广泛应用于勘探洞室和边坡地质体的变动形态并监测其稳定性。微伽级重力仪、

磁力仪分别见图 4.5 - 24 和图 4.5 - 25。

图 4.5 - 24　微伽级重力仪　　　　　图 4.5 - 25　磁力仪

2. 地震勘探

地震勘探在工程地质勘探，尤其是在水利水电工程领域应用较多，是利用人工激发震源地震波来进行勘探。随着地震勘探的被使用与发展进步，已经逐

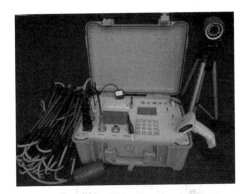

渐成为了一个方法系列，其成像方式发展到可利用直达波、反射波、折射波、面波等多种波组合，可利用钻孔、隧道、边坡、山体等多种观测条件进行二维、三维地质成像，促进了地质勘测由定性向定量化的方向发展。地震勘探采集综合监测仪见图 4.5 - 26。

3. 电磁勘探

电磁勘探包括天然场源的电磁波勘探（MT）和人工场源的电磁波勘探（EM）等多种方法。电磁勘探在水利

图 4.5 - 26　地震勘探采集综合监测仪

水电工程中应用越来越广泛，主要用来推测深埋长隧洞围岩介质的结构特征、隐伏断层、破碎带及异常区等可能影响工程的各种因素，取得了显著的经济效益。地质雷达（频率范围 1～100MHz）是目前分辨率最高的物探方法，它对断裂带，特别是含水带、破碎带地层有较高的识别能力。便携式地质雷达探测仪见图 4.5 - 27。

4. 电法勘探

电法勘探主要包括电阻率法、充电法和自然电场法、激发极化法、电磁感应法。在水利水电工程地质勘察中应用较多的是电阻率法。高密度电法勘探就属于电阻率法的范畴，但它引进了地震勘探的数据采集办法，可实现数据的快速、自动采集，其测量结果可实时处理并显示地电断面或剖面图，从传统的一维

勘探发展到二维勘探。目前，在单源与单点测量的基础上，发展为多源、多点、多线测量，从而达到了三维观测。

4.5.3.4 地质填图

地质填图也称填图，是指按一定比例或统一的技术要求将各种地质体、地质现象描绘在地理图上，从而形成地质图的工作。它是地质调查的一项基本工作，也是对区域内地质情况进行描述、分析的重要技术方法。

图 4.5 - 27　便携式地质雷达探测仪

4.5.4　气象观测

气象观测是指对地球大气的物理和化学特性以及大气现象的测量和观测，包括温度、湿度、压力、风、降水、辐射、大气气体成分浓度等。它包括地面气象观测、高空气象观测、大气遥感探测和气象卫星探测等，有时也统称为大气探测。气象环境对应急救援中装备的配置、方案的确定、救援时间以及安全等都有较大的影响，加强气象观测对应急救援具有重要意义。

4.5.4.1 降水观测

降水观测包括降水量和降水强度的观测。降水量是指某一时段内的未经蒸发、渗透、流失的降水，在水平面上积累的深度，以毫米（mm）为单位，取 1 位小数。降水强度是指单位时间的降水量，通常测定 5min、10min 和 1h 内的最大降水量。预报中的降雨强度等级划分见表 4.5 - 1。

表 4.5 - 1　　　　　　　　　预报中的降水强度等级划分

降 雨 等 级	日降水量/mm	降雪等级	日降雪量/mm
小雨	0.1～9.9	特大暴雨	≥250
中雨	10.0～24.9	小雪	<2.5
大雨	25.0～49.9	中雪	2.5～4.9
暴雨	50.0～99.9	大雪	5.0～9.9
大暴雨	100.0～249.9	暴雪	≥10.0

常用测量降水的仪器主要有雨量器（见图 4.5 - 28）、翻斗式雨量计和虹吸式雨量计等。

雨量器是观测降水量的仪器，它由雨量筒与量杯组成。雨量筒用来承接降水物，它包括盛水器、储水瓶和外筒。我国采用直径为 20cm 正圆形盛水器，其口缘镶有内直外斜刀刃形的铜圈，以防雨滴溅失和筒口变形。盛水器有两种：

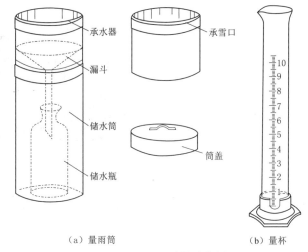

（a）量雨筒　　　　　　　　　（b）量杯

图 4.5-28　雨量器示意图

一种是带漏斗的承雨器，另一种是不带漏斗的承雪器。外筒内放贮水瓶，以收集降水量。量杯为一特制的有刻度的专用量杯，其口径和刻度与雨量筒口径成一定比例关系，量杯有 100 分度，每 1 分度等于雨量筒内水深 0.1mm。单翻斗式雨量计、双翻斗式雨量计、虹吸式雨量计见图 4.5-29。

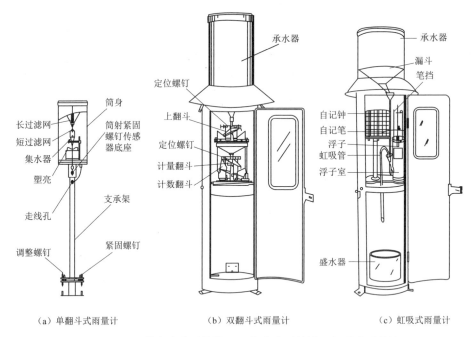

（a）单翻斗式雨量计　　　　（b）双翻斗式雨量计　　　　（c）虹吸式雨量计

图 4.5-29　单翻斗式雨量计、双翻斗式雨量计、虹吸式雨量计

翻斗式雨量计又分为单翻斗式和双翻斗式两种。单翻斗式雨量计是用来自动测量降水量的仪器，主要由盛水器（口径为159.6mm）、过滤漏斗、翻斗、干簧管、底座和专用量杯等组成。降水通过盛水器，再通过一个过滤斗流入翻斗里，当翻斗流入一定量的雨水后，翻斗翻转，倒空斗里的水，翻斗的另一个斗又开始接水，翻斗的每次翻转动作通过干簧管转成脉冲信号（1脉冲为0.1mm）传输到采集系统，测量范围0~4mm/min。双翻斗雨量传感器装在室外，主要由盛水器（直径为20cm）、上翻斗、汇集漏斗、计量翻斗、计数翻斗和干簧管等组成。采集器或记录器在室内，二者用导线连接，用来遥测并连续采集液体降水量。承雨器收集的降水通过漏斗进入上翻斗，当雨水积到一定量时，由于水本身重力作用使上翻斗翻转，水进入汇集漏斗。降水从汇集漏斗的节流管注入计量翻斗时，就把不同强度的自然降水，调节为比较均匀的降水强度，以减少由于降水强度不同所造成的测量误差。当计量翻斗承受的降水量为0.1mm时（也有的为0.5mm或1mm翻斗），计量翻斗把降水倾倒到计数翻斗，使计数翻斗翻转一次。计数翻斗在翻转时，与它相关的磁钢对干簧管扫描一次。干簧管因磁化而瞬间闭合一次。这样，降水量每次达到0.1mm时，就送出去一个开关信号，采集器就自动采集存储0.1mm降水量。

虹吸式雨量计是用来连续记录液体降水的自记仪器，它由盛水器（通常口径为20cm）、浮子室、自记钟和虹吸管等组成。有降水时，降水从盛水器经漏斗进水管引入浮子室。浮子室是一个圆形容器，内装浮子，浮子上固定有直杆与自记笔连接。浮子室外连虹吸管。降水使浮子上升，带动自记笔在钟筒自记纸上划出记录曲线。当自记笔尖升到自记纸刻度的上端（一般为10mm）浮子室内的水恰好上升到虹吸管顶端。虹吸管开始迅速排水，使自记笔尖回到刻度"0"线，又重新开始记录。自记曲线的坡度可以表示降水强度。由于虹吸过程中落入雨量计的降水也随之一起排出，因此要求虹吸排水时间尽量快，以减少测量误差。

4.5.4.2 温度观测

温度是表示物体冷热程度的物理量，对装备器材的性能、材料性能、人员工作状态以及救援效率都具有较大的影响。气象上需要观测的温度参量包括：空气温度、土壤温度和水面温度。根据温度测量仪表的使用方式，通常可将温度观测方法分为接触法与非接触法两大类。

接触法是利用热平衡，要与被测物体有良好的热接触，使两者达到热平衡，测量结果精度高、直观、可靠，但会破坏热平衡，主要的测量仪器有玻璃液体温度表、金属电阻温度表、热敏电阻温度表、热电偶温度表和石英晶体温度表等，其中玻璃液体温度表在应急救援侦测中最为实用。玻璃液体温度表利用液体的热胀冷缩效应制成，由玻璃球和毛细管、刻度尺和外套管等组成，根据液体（水银、酒精、甲苯等）柱的高低，即可测定瞬时气温。气温在−36℃以下时因为已经接近水银的凝固点（－38.9℃），改用酒精温度表观测气温；当温度超过300℃时，应采用硅硼玻璃，500℃以上要采用石英玻璃。玻璃液体温度表见图4.5－30。

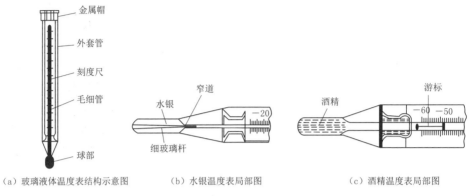

(a) 玻璃液体温度表结构示意图　　(b) 水银温度表局部图　　(c) 酒精温度表局部图

图 4.5－30　玻璃液体温度表

非接触法不与被测物体接触，也不改变被测物体的温度分布，热惯性小，通常用来测定1000℃以上的移动、旋转或反应迅速的高温物体的温度或者用来远距离测量温度，主要的测量方法包括激光拉曼光谱测温技术、红外热像仪和全息干涉测温。目前，红外热像仪在应急救援中应用较为广泛，并发挥了重要的作用。它是利用红外扫描原理测量物体表面温度分布，通过摄取来自被测物体各部分射向仪器的红外辐射通量的分布，利用红外探测器，顺序地直接测量物体各部分发射出的红外辐射，综合起来就得到物体发射红外辐射通量的分布图像，这种图像称为热像图。由于热像本身包含了被测物体的温度信息，也有人称之为温度图。

红外热像仪的原理示意图、红外热像仪实物分别见图4.5－31和图4.5－32。

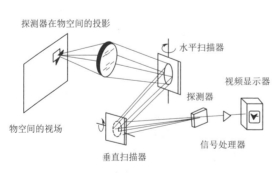

图 4.5－31　红外热像仪的原理示意图

图 4.5－32　红外热像仪实物

4.5.4.3　湿度观测

空气湿度，简称湿度，是表示空气中水汽含量和潮湿程度的物理量，不仅能够预示天气的变化，还对救援装备器材的性能、材料性能、人员工作状态以及救援效率都具有较大的影响。气象上用于测量空气湿度的方法，主要有以下几种：

（1）干湿表法：利用蒸发表面冷却降温的程度随湿度而变的原理来测定水汽压，主要用于气象观测工作，也常用作校准。

干湿表法主要由两支型号完全一样的温度表组成。其中一支温度表的感应部分的表面包上润湿的纱布，称为湿球或冰球；另一支温度表的感应部分则简单地裸置于空气中，称为干球。两支温度表置于相同的环境之中。当空气中的水汽含量未达饱和时，湿球表面的水分不断挥发，消耗湿球的热量而降温；同时又从流经湿球的空气中不断取得热量补给。当湿球因蒸发而消耗的热量和从周围空气中获得的热量相平衡时，湿球温度就不再继续下降。从而维持了一相对稳定的干湿球温度差。干湿球温度差值的大小，主要与当时的空气湿度有关。空气湿度越小，湿球表面水分蒸发就越快，湿球温度降得越多，干湿球温度差就越大；反之，湿度大，湿球水分蒸发慢，湿球温度降低得少，干湿球温度差就小。根据干湿球温度值，以及一些其他因素，可以从理论上推算出当时的空气湿度。干湿球温度表见图4.5-33。

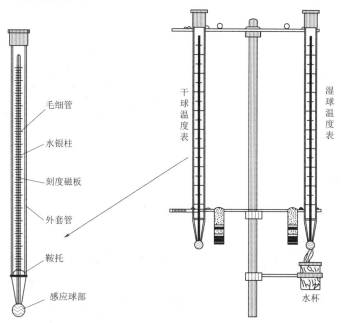

图4.5-33　干湿球温度表

（2）吸收法：利用吸湿物质吸湿后的尺度变化或电性能（如电阻、电容等）变化来测相对湿度，主要用于自动测量上，常用吸湿物质有毛发、肠膜元件、氯化锂、氧化铝等。

毛发湿度表与毛发湿度计是一种典型的利用毛发随空气湿度大小而改变长度的特性而制成测定空气相对湿度的仪器。毛发湿度表的感应部分是脱脂的人发，装在金属架内。毛发的上端固定在金属片上，下端则固定在弧钩上。弧钩和指针固定在同一轴上。刻度尺上为相对湿度由0%到100%，刻度间隔左疏右密。如采用线性毛发，则为均匀刻度。当空气中相对湿度增大时，毛发伸长，重锤因重力作用下降，拉紧毛发并使指针右移；湿度减小时，毛发缩短，使重锤与弧钩上抬指针向左移动。湿度计用一束毛发，由一个小弹簧将毛发束拉紧，小弹簧与笔杆相连，这就可以将毛发束的长度变化量放大。笔杆端部的笔尖能在一张紧贴着一个金属圆筒一周的记录纸上并记录下笔杆的角位移量，金属圆筒围绕其轴按照机械钟机控制的速率转动。转动速率有转动一周为一星期或一昼夜的两种。记录纸上有围绕圆筒一周而划分的时间标尺和平行于圆筒轴心的湿度标尺。圆筒通常是垂直地安装的。毛发湿度表与毛发湿度计见图4.5-34。

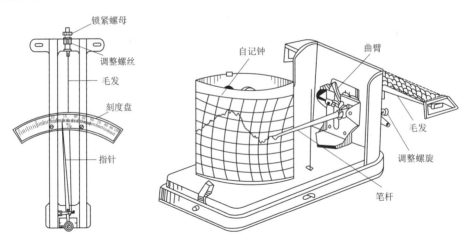

（a）毛发湿度表　　　　　　　　（b）毛发湿度计

图4.5-34　毛发湿度表与毛发湿度计

（3）凝结法：测量凝结面降温产生凝结时的温度，即露点温度，可用于气象观测或工作标准。

在定压条件下，降低温度时，未饱和空气将逐渐趋于饱和状态，一旦达到饱和状态时，空气中的水汽就会在物体表面凝结为露（或霜）这时的温度称为露点（或霜点）温度。测定露点温度就可以查算出当时的水汽压和相对湿度。

通常露点测湿仪器包括有冷却装置、结露面、测温元件等几部分，最广泛应用的系统就是采有一个小的磨光金属反射面，并采用半导体电制冷装置冷却，用光学检测器来检测凝结。露点测湿法的工作原理见图 4.5－35。

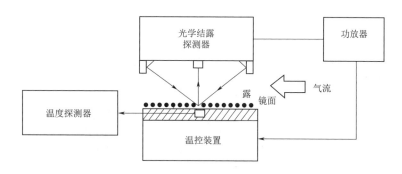

图 4.5－35　露点测湿法的工作原理

（4）电磁辐射吸收法：利用水汽对电磁辐射的吸收来测量湿度。在电磁波谱中，最有用的区域是紫外区和红外区。因此，这项技术常归类为光学测湿法。

电磁辐射吸收型湿度表最广泛用于监视变化频率很高的湿度，因为这种方法无须检测器达到与样品的水汽压相平衡。电磁辐射吸收湿度表的时间常数的典型值仅为几毫秒。此种湿度表的应用目前仍局限于科研活动。

（5）称重法：直接对一个空气样品的水汽含量进行绝对的测量，并以混合比表示此空气样品的湿度。此方法准确度高，但方法复杂，需要时间长，操作复杂，一般只在实验室用来对参考标准器提供绝对校准。

4.5.4.4　风向风速观测

风，是指空气的水平运动。风是一个矢量，测量风时，既要测量空气水平运动速度的大小，即风速，也要确定出空气水平运动的方向，即风向。

1. 风向观测

风向标是测量风向的最通用仪器。风向标一般是由尾翼、指向杆、平衡锤及旋转主轴 4 部分组成。风向标是一个首尾不对称平衡装置。尾翼是用来感应风力的部件，在风力的作用下产生旋转力矩，平衡锤是用来保证风向标的重心正好处在旋转轴的轴心上指向杆所指示的方向，即为风的来向旋转主轴是风向标的转动中心，并通过它带动传感元件，把风向标指示的角度值转换为可以传输、处理和显示的量。各类型风向标见图 4.5－36。

2. 风速观测

风速是指单位时间里空气所经过的距离，单位为 m/s。海面上有时用 n mile/h（也称"节"）为单位，1m/s＝1.94n mile/h。风速强度等级划分见表 4.5－2。

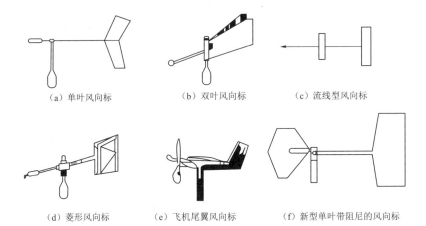

（a）单叶风向标　　　　（b）双叶风向标　　　　（c）流线型风向标

（d）菱形风向标　　　（e）飞机尾翼风向标　　　（f）新型单叶带阻尼的风向标

图 4.5－36　各类型风向标

表 4.5－2　　　　　　　　　　　风速强度等级划分

等级	名称	陆地地面物体特征	风速/（m/s）
0	无风	静，烟直上	0～0.2
1	软风	烟能表示风向，树叶略有摇动	0.3～1.5
2	轻风	人面感觉有风，树叶微动	1.6～3.3
3	微风	树叶及小枝摇动不息，旗子展开，高的草摇动不息	3.4～5.4
4	和风	能吹起地面灰尘和纸张，树枝动摇，高的草呈波浪起伏	5.5～7.9
5	清劲风	有叶的小树摇摆，内陆的水面有小波，高的草波浪起伏明显	8.0～10.7
6	强风	大树枝摇动，电线呼呼有声，撑伞困难，高的草不时倾伏于地	10.8～13.8
7	疾风	全树摇动，大树枝弯下来，迎风步行感觉不便	13.9～17.1
8	大风	可折毁小树枝，人迎风前行感觉阻力很大	17.2～20.7
9	烈风	草房遭受破坏，屋瓦被掀起，大树枝可折断	20.8～24.4
10	狂风	树木可被吹倒，一般建筑物遭破坏	24.5～28.4
11	暴风	大树可被吹倒，一般建筑物遭严重破坏	28.5～32.6
12	飓风	陆上绝少，其摧毁力极大	＞32.6

　　风杯型旋转式风速表是一种应用广泛的风速测量方法。由于风杯凹面和凸面所受的风压力不相等，风杯受风压后，向着凹面的方向做逆时针方向旋转，并受到空气阻力的作用，转动速度越快，空气阻力越大。由于在一定的风速下，风杯所受的扭力矩一定，因此风杯达到一定的速度后，空气阻尼力矩就与扭力

矩平衡，转速不再增加。风杯旋转的速度与风速之间保持一定的关系。风杯型旋转式风速表见图4.5-37。

3. 风向风速仪

风向风速仪又名为风向风速记录仪、风向风速监测仪、便携式风向风速仪和风向风速自记仪，具有32通道同时检测的功能，可以实现多点同步检测；探头具有一致性，断电保护，强大的数据处理能力，不同参数探头插口可互换，不影响精度。主要由支杆、风标、风杯、风速风向感应器组成，风标的指向即为来风方向，根据风杯的转速来计算出风速。风速风向仪见图4.5-38。

图4.5-37 风杯型旋转式风速表 图4.5-38 风速风向仪

4.5.4.5 便携式气象站

便携式气象站是一款便于携带、使用方便、测量精度高、集成多项气象要素的现代可移动观测系统。

1. 便携式自动气象站

便携式自动气象站由气象传感器、微电脑气象数据采集仪、电源系统、防辐射通风罩、全天候防护箱和气象观测支架、通信模块等部分构成，见图4.5-39。自动气象站用于对大气温度、相对湿度、风向、风速、雨量、气压、太阳辐射、土壤温度、土壤湿度、能见度等众多气象要素进行全天候现场监测。具有手机气象短信服务功能，可以通过多种通信方法与气象中心计算机进行通信，将气象数据传输到气象中心计算机气象数据库中，用于对气象数据统计分析和处理。

2. 手持式气象站

手持式气象站，又称手持气象仪，是一款携带方便，操作简单，集多项气象要素于一体的可移动式气象观测仪器，见图4.5-40。系统采用精密传感器及智能芯片，能同时对风向、风速、大气压、温度、湿度五项气象要素进行准确测量。内置大容量FLASH存储芯片可存储至少一年的气象数据；通用USB通

图 4.5 - 39　便携式自动气象站

信接口，使用配套的 USB 线缆即可将数据下载到电脑，方便用户对气象数据的进一步处理分析。

4.5.4.6　有毒有害气体和放射性检测

由于建筑设施的损毁，可能导致有毒有害气体甚至是放射性泄漏，对救援人员的安全会产生极大的威胁，为确保救援工作安全顺利进行，有时还需要对特殊的救援现场进行有毒有害气体和放射性检测。

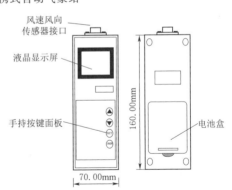

图 4.5 - 40　手持式气象仪

1. 有毒有害气体检测

有毒有害气体的危害程度用气体浓度（体积浓度和质量体积浓度）衡量，表达空气中有毒有害物质的含量。根据危害的类型可将有毒有害气体分为可燃性气体和有毒气体两大类。可燃性气体的浓度过低或过高都没有危险，只有与空气混合形成混合气或更确切地说遇到氧气形成一定比例的混合气才会发生燃烧或爆炸。有毒气体根据他们对人体不同的作用机理分为刺激性气体、窒息性气体和急性中毒的有机气体三大类。刺激性气体对机体作用的特点是对皮肤、黏膜有强烈的刺激作用，其中一些同时具有强烈的腐蚀作用，包括氯气、光气、双光气、二氧化硫、氮氧化物、甲醛、氨气、臭氧等气体。窒息性气体进入机体后导致的组织细胞缺氧各不相同，这里不进行详细讲述，包括一氧化碳、硫化氢、氰氢酸、二氧化碳等气体。急性中毒的有机气体，也就是常说的挥发性有机化合物，有正己烷、二氯甲烷等，同以上无机有毒气体一样，也会对人体的呼吸系统与神经系统造成危害，有的致癌，比如苯。

用来对有毒有害气体进行采集、测量、分析和报警的仪器统称为气体检测仪。通常的气体检测仪由气体采集部分、信号处理部分、显示及报警部分、数据存储及传输部分及供电部分组成。气体检测仪

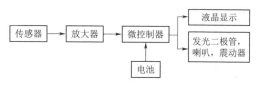

图 4.5-41 气体检测仪的构成

的构成见图 4.5-41。传感器是气体采集部分、也是整个气体检测仪的关键部件，通过与有毒有害气体反应，产生电流，转换成线性电压信号，电压信号经放大、A/D 转换，信号处理器对 A/D 转换的数据进行分析处理后由 LCD 显示出所测气体浓度。当检测气体的浓度达到预先设定报警值时，蜂鸣器和发光二极管将发出报警信号，同时将报警信息记录在内置或外置存储器中。

气体检测仪按检测对象分类，分为可燃性气体检测仪、有毒气体检测仪、VOC 检测仪；按使用方式分类，分为固定式气体检测仪和便携式气体检测仪，见图 4.5-42 和图 4.5-43。

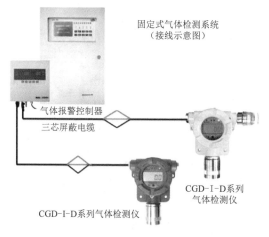

图 4.5-42 固定式气体检测仪

图 4.5-43 便携式气体检测仪

2. 放射性检测

放射性是指元素从不稳定的原子核自发地放出射线（如 α 射线、β 射线、γ 射线等），而衰变成稳定元素的现象。原子序数在 83（铋）或以上的元素都具有放射性，但某些原子序数小于 83 的元素（如锝）也具有放射性。

人体受到一定剂量的照射后，就会出现机体效应，通常变现为头痛、头晕、食欲不振、睡眠障碍以至死亡。在大剂量的照射下，放射性对人体和动物存在着某种损害作用。如在 400rad 的照射下，受照射的人有 5% 死亡；若照射 650rad，则人 100% 死亡。照射剂量在 150rad 以下，死亡率为 0，但并非无损害作用，往往经 20 年以后，一些症状才会显现出来。放射性也能损伤剂量单位遗传物质，主要在于引起基因突变和染色体畸变，使一代甚至几代受害。

图 4.5 - 44　REN500A 型
智能化 X - γ 辐射仪

通常将检测放射性的仪器称为放射性检测仪。如 REN500A 型智能化 X - γ 辐射仪（见图 4.5 - 44），采用高灵敏的闪烁晶体作为探测器，反应速度快，和国内同类仪器相比，该仪器具有更宽的剂量率测量范围。该仪器除能测高能、低能 γ 射线外，还能对低能 X 射线进行准确的测量，具有良好的能量响应特性。此外通过配套的 RenRiRate 剂量率管理软件可将存储的数据读出后分析。该仪器广泛用于环保、冶金、石油化工、化工、卫生防疫、进出口商检、放射性试验室、废钢铁、商检、各种放射性工作场所等需进行辐射环境与辐射防护检测的场合。

4.5.5　水文测量

水文测量主要是用于对侦测区域内的实时水情信息进行测量，并对其变化进行监测。

4.5.5.1　水位测量

目前所被应用到的水位测量工具仪器包括：水尺、电子水尺、浮子式水位计、跟踪式水位计、压力式水位计、超声波水位计、雷达水位计、激光水位计、气泡式水位计等，但是在实际的抢险侦测中，由于受到时间、交通运输、天候、场地、能源等客观因素的限制，许多需要安装水下传感器或者建设测井的水位测量仪器设备就显得并不适合于抢险侦测，因此必须采用一些简便可行的方法。

1. 利用现地已有设施

侦测人员到达现地后，寻找水尺桩或者水位观测站等建筑设施，直接获取水位值。水位观测设施见图 4.5 - 45。

图 4.5-45　水位观测设施

2.垂直测距法

水位其实就是水面的高程，在条件受限的情况下也可利用测距器材，如皮尺、铅锤、全站仪、测距仪等，以基准点的高程减去测量水面与基准点间的高度差来间接计算出水位值。

3.接触式测量法

接触式测量法，是指在测量过程中，测量仪器（尤其是传感器）与水直接接触的一种测量方法，接触式测量法一般都需要建设测井或者在水下定点安设传感器，而在应急救援中，显然是极为不便捷的。为了适应现实抢险的需要，借鉴垂直测距的原理，由此产生了便携式电子水位测量仪，见图 4.5-46。

便携式电子水位测量仪，用于测量明井、机钻井和已下好井套的机井的水位，也可以用来测量湖泊、水库、池塘等开放水域的水位。便携式电子水位测量仪的测量原理与测距仪相似，当探

图 4.5-46　便携式电子水位测量仪

头触到水面时，测量仪上的 LED 指示灯和蜂鸣器会发出声光报警，此时读取尺式电缆上的读数即可。尺式电缆由透明电缆料包覆高强度钢尺和信号线构成，柔软而耐拉，钢尺的分辨率达 1mm，精度符合我国的 CMC 标准和国际上的 ASME 标准。测量仪的电子线路设计独特，不受井下潮湿和井壁滴水的干扰。

4.非接触式测量法

非接触式测量法，是指测量器材的任何部件均不与水面接触，其工作原理是，当声波在空气中传播遇到水面后被反射，仪器测得声波往返于传感器到水面之间的时间，根据声速计算距离，再用传感器安装高程减去其所测至水面距离即得水位。常见的测量仪器有超声波水位计和雷达水位计。

（1）超声波水位计。超声波水位计主要由终端机和超声波探头构成，分为水介式和气介式两类。由于水介式是将换能器安装在河底，向水面发射声波，所以并不适于在应急抢险中使用。气介式以空气为声波的传播介质，换能器置于水面上方，由水面反射声波，根据回波时间可计算并显示出水位，仪器不接触水体，完全摆脱水中泥沙、流速冲击和水草等不利因素的影响。

超声波水位计的特点：非接触测量，不受水体污染，不破坏水流结构；不需建造测井，节省土建投资；无触点开关元器件；法兰或螺纹连接，安装方便；无机械磨损，稳定耐用；供电电源和输出信号使用同一根两芯线缆；自动温度补偿和压力校正；液晶显示，调试检修方便。超声波水位计见图 4.5-47。

（2）雷达水位计。雷达水位计采用雷达波测量到水面的距离，实际上是一台雷达测距仪，见图 4.5-48。雷达波测量不受温度、湿度、风速、降雨等环境因素影响。雷达水位计以非接触方式测量水位，亦不受水体影响，是水位测量最理想的设备。雷达波的测距精度为毫米级，水位计通过内部波浪滤波功能，实测水位精度可达 1～3cm，量程范围最大可达 70m（雷达探头到水面的距离）。雷达水位计都有一个发射雷达波的天线，俗称"探头"。从外观上看，探头的形状有喇叭形、锥形、平面形。发射波束的形状都为喇叭形。雷达水位计电路部分位于探头上部，与探头封装为一个整体，总长度为 20～50cm 不等，有电源线和数据线引出，但大都没有显示和记录功能，必须接到 RTU 或数据采集器才能看到水位数据。

图 4.5-47　超声波水位计

图 4.5-48　雷达水位计

雷达水位计适用范围：河流水位，明渠水位自动监测；水库坝前、坝下尾水水位监测；调压塔（井）水位监测；潮位自动监测系统，城市供水，排污水位监测系统。

4.5.5.2 流速/流量测量

对于流速/流量的现地测量，目前应用较为广泛的现地流速/流量测量方法主要有浮标法、普通流速仪法、声学多普勒流速剖面仪法、便携式流速仪法。

1. 浮标法

浮标法是测量流速最简单的测量方法，利用观测的浮标漂移速度进行水流速度的测量，见图 4.5-49～图 4.5-51。它只适用于无弯曲且底壁平滑的水渠道，并要求水渠道长度不小于 10m。浮标法测得的流速只能代表浮标的流速，并不是水流的实际流速，还需要乘以一定的系数，所以其测得的流速精度不是很高。

图 4.5-49　ADCP 浮标

图 4.5-50　GPS 浮标

图 4.5-51　普通流速仪测河流流速

随着科学技术的发展，现今的浮标法通常与 GPS、声学仪器等先进装置相结合，形成更简便、精确的水流测量方法。

2. 普通流速仪法

在现地使用的普通流速仪法与观测站流量监测中的流速仪法相比，最大的区别在于现地流速测量没有固定断面。通常都是采用人工船测、桥测、缆道测量和涉水测量等方法，其基本原理是利用船只、桥梁、缆道等设施设备，在测流断面上布设多条垂线，在每条垂线处测量水深并用流速仪测量一至几个点的流速，从而得到垂线平均流速，进而得到断面面积和断面平均流速，流量则由断面面积和断面平均流速的乘积得到。这种传统方法费工费时，效率较低。

3. 声学多普勒流速剖面仪（ADCP）法

声学多普勒流速剖面仪（ADCP）的原理是利用声学多普勒效应进行测流。由换能器发射出的一定频率的脉冲，在碰到水体中的悬浮物质后产生后向散射回波信号，该信号为 ADCP 所接收。由于悬浮物质随流漂移，使得该回波信号频率与发射频率之间产生一个频差，即多普勒频移，据此计算出流速和流向。

该仪器的特点是能够直接测出断面的流速剖面和流量。将装设有 ADCP 的测量船从河流某断面一侧航行至另一侧时，ADCP 就能马上测出河流流量，它的效率比传统方法提高几十倍。测量时不扰动流场，测验耗时少，测速范围大，诊断维修方便等，目前已被广泛用于海洋、河口及内河的流场结构调查、流速和流量测验等作业。ADCP 高速三体船见图 4.5-52。

图 4.5-52　ADCP 高速三体船

ADCP 与传统方法之间存在着很大的差别：①传统测量法中的"测点"数有限，一般一个河流断面只设 5～7 个测点，每个测点测出 3～5 个不同深度上的流速；而 ADCP 在船只航行过程中的采样率很高，可以测到非常多的"测点"，而在每"测点"上可以测到几十个不同深度的流速值，其流量是以积分的方法计算得出的，因此在数据质量上有了很大的提高。②传统方法的测流断面通常要求垂直于河岸，而装有 ADPC 的船只，其航行的轨迹可以是斜线或曲线，大大方便了施测作业。

4. 便携式流速仪法

常见的旋桨流速仪、超声波流速仪、激光流速仪和粒子图像测速系统等流速/流量测量仪器，有的体积大、笨重、不便使用和携带，有的价格昂贵、使用条件苛刻、操作复杂，在应急救援现地使用中限制很大，正是基于解决这些问题，便携式流速仪由此诞生。

（1）便携式旋桨测速仪。便携式旋桨测速仪由流速传感器、手持式主机及微机数据回放处理软件三部分组成，见图 4.5-53。流速传感器的旋桨（叶轮）在流体的推动下产生驱动力矩而旋转，带动叶轮轴上装配的磁钢旋转，并通过霍尔元件产生脉冲信号；手持式主机通过数据传输线对传感器信号进行采集，并经调理电路进行数据处理，最终显示并存储瞬时流速和平均流速。如果已测得过水断面面积，将过水断面面积数值输入手持式主机即可计算通过某一截面的流体流量。

便携式旋桨测速仪的功能丰富、对被测流体无特殊要求、适用范围宽、测量精度高、抗干扰能力强、使用简单方便，已广泛应用于国家海洋局对陆源入海排污口排污量的测量和监控工作中，并已推广应用于水文站、厂矿、环保监测站、农田排灌、水文地质调查等部门在野外进行明渠流速流量现场测量领域。

（2）手持式电波流速仪。手持式电波流速仪（SVR）俗称"雷达测速枪"，是美国 Decatur 电子公司制造的专用于测量水面流速的仪器，主要用于野外巡测和洪水、溃坝、决口、泥石流等应急测量，目前在洪水涨落急剧的水文测站得到有效运用，见图 4.5-54。

图 4.5-53　便携式旋桨测速仪

图 4.5-54　手持式电波流速仪

手持式电波流速仪的工作原理是利用微波多普勒效应，依靠向水面发射微波和接收回波来远距离测量水面流速。由雷达枪传送和引导一个微波能量束（无线电波）与水面形成逼近（或后退）角。当该能量束中的能量击中水面时，该束中的少量能量将被反射回雷达枪的天线上。由于反射信号频率的变化量与水流的速度成比例，所以可以利用传输和反射信号的频率差来确定流速。

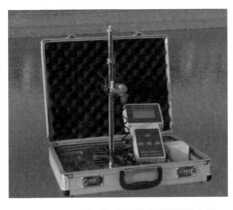

图 4.5 - 55　智能型便携式明渠流速仪

（3）智能型便携式明渠流速/流量计。智能型便携式明渠流速/流量计是一种专为水文监测、江河流量监测、农业灌溉、市政给排水、工业污水处理等行业流速/流量测量而设计的一种便携式测量仪器。该仪器采用了全数字信号处理技术，测量较为稳定可靠，可同时显示流速、水位、流量等测量数据，可满足不同断面的明渠、暗渠、河道的流速和流量测量。智能型便携式明渠流速仪见图 4.5 - 55。

智能型便携式明渠流速/流量计是利用法拉第电磁感应定律制成的，导电流体在流速传感器的交变磁场中产生的感应电势与流体流速成正比，通过测出感应电势从而实现流速的测量。同时显示仪将流速信号、水位数据以及渠道的各种参数通过显示仪内设置的水利数学模型进行运算，从而得到过水断面的水流量。

4.5.6　变形监测

变形监测主要是对包括坝体、坝基及边坡的水平位移和竖向位移进行监测。变形监测技术包括简易观测法、常规大地测量法、三维激光测量技术仪表监测法、时间域反射测试技术、地面微波干涉微变形测量、合成孔径雷达干涉测量、核磁共振技术和观测机器人等。

4.5.6.1　简易观测法

简易观测法是通过对地质变化引起的外部变形迹象和与其有关的各种现象进行定期的观测、记录，掌握地质变形动态和发展趋势，是一种较为常用的观测方法。观测内容主要包括：人工观测地表裂缝、地面鼓胀、沉降、坍塌、建筑物变形特征（发生和发展的位置、规模、形态和时间等）及地下水位变化、地温变化等。所使用的方法主要有：在边坡体关键裂缝处埋设骑缝式简易观测柱，在构筑物裂缝上设置简易玻璃条，定期用各种长度量具测量裂缝长度、宽度、深度变化及裂缝形态、开裂延伸的方向等。

4.5.6.2　常规大地测量法

常规大地测量法是以测量技术作为主要监测手段对地质外部形变进行监测的方法。这类监测通常采取的测量方法是在平面上用经纬仪、水准仪、测距仪和三角测量法监测，高程上采用全站仪测量或三角高程法和水准测量法。然后，建立误差单位为毫米级的小型平面控制网及高程控制网，以此测量出监测样本上各控制点在垂直与水平方向上的微小位移量及其形变形式，从而获得有用的形变数据，并最终达到有效监测的目的。

常规大地测量缺陷在于监测时需要安排人员进行实地观测，并且要记录大量的测量数据、进行大量的计算，加上工作周期长、经费偏高等各种问题，造成其工作效率不高。此外，在环境恶劣的荒野、深山、原始森林等地区，实时、实地测量基本上是无法实现的。

4.5.6.3　三维激光测量技术

随着三维激光扫描测量技术、三维建模的研究以及计算机硬件环境的不断发展，其应用领域日益宽广。激光扫描技术与惯性导航系统、全球定位系统、电荷耦合等技术相结合，在大范围数字高程模型的高精度实时获取、城市三维模型重建、局部区域的地理信息获取等方面表现出强大的优势，成为摄影测量与遥感技术的一个重要补充。

三维激光测量技术能快速准确地生成监测对象的三维数据模型，已逐渐在水利设施、滑坡体、泥石流、桥梁、文物、火山等领域中进行应用。通过比较两次或多次扫描数据，可以分析确定滑坡区域和对滑坡区域进行监测，达到防灾减灾和确定灾害造成范围的目的。

4.5.6.4　仪表监测法

仪表监测法是采用机测或电测仪表（安装、埋设传感器）对可疑区域进行地表及深部的位移、应力、地声、水位、水压、含水量等信息的监测。该方法是监测边坡整体变形的重要方法。目前国内使用较多的仪器是钻孔引伸仪和钻孔测斜仪，分别见图4.5-56和图4.5-57。

图4.5-56　钻孔引伸仪

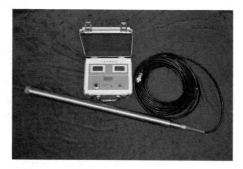

图4.5-57　钻孔倾斜仪

钻孔引伸仪是一种传统的测定岩土体沿钻孔轴向移动的装置，它用于位移较大的滑体监测，分为埋设式和移动式两种。

钻孔倾斜仪应用到边坡工程的时间不长，它是测量垂直钻孔内测点相对孔底的位移，一般能连续测出钻孔不同深度相对位移的大小。因此，这类仪器是观测岩土体深部位移，确定潜在滑动面和研究边坡变形规律较理想的设备，目前在边坡深部测量中得到较多使用。

4.5.6.5 时间域反射测试技术

时间域反射测试技术（TRD）是一种电子测量技术。长久以来一直被用于各种物体形态特征的测量和空间定位。TDR 滑坡监测法的基本思想是向埋入监

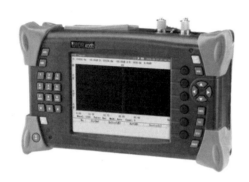

测孔内的电缆发射脉冲信号，当遇到电缆在孔中产生变形时，就会产生反射波信号。经过对反射信号的分析，即可确定电缆发生形变的程度和位置。该方法具有价格低廉、监测时间短、可遥测、安全性高等优点。但该方法不能用于需要监测倾斜的情况。此外，TDR 法监测滑坡的有效性是以其测试电缆的变形为前提，若电缆未产生变形破坏，就很难监测滑坡的位移状况。时域反射器见图 4.5-58。

图 4.5-58 时域反射器

4.5.6.6 地面微波干涉微变形测量

地面微波干涉微变形测量技术是一种基于微波干涉技术的高级远程监测系统，主要是通过干涉测量对目标物的位移情况进行监测。相比于其他监测技术，该技术以下优势特点：①遥测距离可达 4km，且无须在目标区域安装传感器，

无须靠近或进入目标物，并对波束覆盖范围内的区域进行同步监测；②数据采集时间短，测量精度高；③全天候条件（下雨、刮风、大雾等）下均能提供连续地直接、实时数据采集，全自动 24h 连续监测，可无须操作人员在现场守候；④设备运输和安装简单方便，操作自动化程度高，控制和处理软件功能强大。微波干涉系统见图 4.5-59。

地面微波干涉微变形测量技术可

图 4.5-59 微波干涉系统

广泛应用于大坝坝体、边坡、桥梁等构筑物微小位移变化的监测，可对测量对象进行全方位、实时、高精度的远程监测，可得到测量对象每部分的位移变化量，通过配套软件分析测量对象的变形特征。

4.5.6.7 合成孔径雷达干涉测量

合成孔径雷达干涉测量（INSAR）是一项新的空间测量技术，其使用卫星或飞机搭载的合成孔径雷达系统获取高分辨率地面反射复数影像，每一分辨元的影像信息中不仅含有灰度信息，而且还包含干涉所需的相位信号。INSAR技术通过2次或多次平行观测或2幅天线同时观测，获取地面同一地物的复图像对，并得到该地区的SAR影像干涉相位，进而获得其三维信息。利用一些特殊的数据处理方法（如干涉配准、噪声去除等）和几何转化来获取数字高程模型或检测地表形变。合成孔径雷达干涉测量滑坡结果示例见图4.5-60。

图 4.5-60　合成孔径雷达干涉测量滑坡结果示例

4.5.6.8 观测机器人

观测机器人监测是在全站仪基础上集成步进马达和CCD影像传感器构成的视频成像系统，是一种能代替人进行自动搜索、跟进、辨识和精确找准目标并获取角度、距离、三维坐标以及影像等信息的智能型电子全站仪。在滑坡及水工建筑物变形自动化监测中，测量机器人正逐渐成为首选的自动化测量技术设备。研究人员在对金坪子滑坡等滑坡监测中成功运用了该方法，实现了快速和高精度监测。

管道观测机器人见图4.5-61。金坪子滑坡监测机器人见图4.5-62。

图 4.5-61　管道观测机器人

4.5.7 内部隐患检测

内部隐患检测是指在灾后或者灾害前，针对堤坝等设施可能出现的内部裂缝、渗流、漏洞、滑坡面等内部安全隐患进行的检测工作，很多是利用了地质勘测的物探技术，主要的方法技术有：自动报警器探摸法、彩色摄像仪探漏法、声发射监测法、示踪法、电法、电磁法、核磁共振技术、弹性波法、流场法、地层地温检测法、小流速仪法、混凝土坝声波层析检测法和表面波裂缝检测法等。

图 4.5 - 62　金坪子滑坡监测机器人

4.5.7.1　自动报警器探摸法

自动报警器适用于管涌、漏洞的洞口检测。自动报警器由探头和臂杆两部分组成：探头是直径为 40～60cm 的钢镀锌圈，附加一层高弹性布幕，布幕和钢圈上均设有若干个触点，在漏洞口流水动力的作用下，触点相互接触，报警器接通电源发出警报；臂杆是多节式轻质玻璃钢管，可依据水深加长或收缩。探摸洞口时，一人持臂杆，使探头贴近并平行于堤（坝）坡移动。

4.5.7.2　彩色摄像仪探漏法

彩色摄像仪探漏法就是由潜水员或者水下机器人携带彩色摄像仪潜入管涌、漏洞进水口处的水域，使用摄像仪对水底进行摄像，然后由专家对录像资料进行分析，找出管涌、漏洞进水口。

现今，此法在堤坝渗漏的检测上使用较少，但多在水下闸门损坏时，用于对损坏部位的检测。水下监控摄像仪见图 4.5 - 63。

图 4.5 - 63　水下监控摄像仪

4.5.7.3　示踪法

示踪法检测技术是利用标记物的迁移变化来研究地下水渗流运动规律的方法，包括单孔稀释法、单孔和多孔示踪法。

利用环境同位素检测堤防渗漏是近几十年发展起来的一种检测手段，因为河水、地下水都来自大气降水，它们受大气降水的稀有同位素的高程效应、纬度效应、陆地效应、季节效应等因素的影响，不同来源的水体呈现不同的同位素特征，因此可根据水体的同位素特征判断其来源。该方法可通过天然示踪方法测出地下水中的放射性强度、电导率、pH、温度等参数，然后利用同位素示踪单孔稀释法测定各地层渗透流速、利用单孔同位素示踪测定水平流向、利用同位素多孔示踪测定注水和不注水条件下的垂向流，进而确定堤坝管涌及管涌区的渗透性。

在示踪法检测堤坝隐患渗漏方面，国内已做过大量的实践工作，例如，1999年，陈建生等在夏季和冬季两种不同水位条件情况下对龙羊峡大坝进行了同位素综合示踪检测；2000年，李端有等探讨了温度示踪法监测长江堤防渗流问题；2007年，付兵等将同位素示踪技术应用于洪泽湖大地渗漏检测。

4.5.7.4 电法

电法检测技术主要包括直流电阻率法、自然电位法和激发极化法。

1. 直流电阻率法

直流电阻率法的原理是通过观测同一深度不同位置或同一位置不同深度的电阻率的变化规律来判断堤坝隐患，前者称为剖面法，后者称为测深法。堤坝暗裂仪就是利用直流电阻率法制造的最简便的堤坝隐患检测仪器，它将堤坝土壤视为导电均匀的介质，即土的含水量、土层容重较为均匀，电阻率低，若土壤松散或有裂缝、洞穴等隐患，局部含水量过大则电阻率就高，通过实测的电阻率值来分析堤坝内有无隐患。

电阻率仪见图 4.5 - 64。

图 4.5 - 64 电阻率仪

黄委山东河务局经多年努力，利用电法检测原理研制出的 ZDT - Ⅰ智能堤坝隐患检测仪，在 1999 年获得了国家发明专利三等奖。该仪器可测的洞径与埋深比为 1：30，堤防普测速度可达每 15min 检测 100m，具有体积小、重量轻、布极简单、恒流供电、抗干扰能力强、测量精度高、检测速度快和智能化程度高的特点。

在电剖面法与电测深法的基础上，20 世纪 80 年代出现了高密度电阻率法检测技术。它的基本原理与常规电阻率法相同，不同的是测点密度较高，极距在算术坐标系中呈等间距、是电剖面法和电测深法的结合。这种方法属于一种二维勘探过程，其检测精度较高，数据可靠，并且具有一定的成像功能，能在成果图上直观地反映堤坝的裂缝、洞穴、软弱层、不均匀体等。

直流电阻率法在堤坝隐患的检测实践中应用很多，但是其纵向分辨率较低，有人推测其纵向极限分辨率只能检测洞径与埋深之比为 1：10 的洞穴，这对其发展前景有了一定的限制。

2. 自然电位法

自然电位是指当堤坝中存在渗漏隐患时，水溶液在松散层或者岩层空隙、裂隙中流动，经过渗透过滤、扩散吸附和氧化还原等理化作用下所产生的电位。根据检测自然电位来确定堤坝隐患的方法就称为自然电位法。

自然电位法使用到的仪器设备比较简单，只需要一台电位计及相应辅助设备即可，普通电测仪均可满足检测的要求。渗漏越大的部位，其电位越低，据此来分析确定渗漏隐患的位置、埋深及流向。但是此法对散浸或渗漏量较小的隐患反映不一定明显。目前利用自然电位法生产的堤坝渗漏检测仪的种类很多，图 4.5 - 65 为艾都 ADMT - 100D 型堤坝管涌检测仪。

3. 激发极化法

激发极化法是利用观测堤防激发极化效应的强弱和衰减的快慢，来判断分析渗漏的部位和规模形态。当向地下供入恒定电流后，测量电极间的电位差会逐渐趋于稳定，断开电流后，测量电极间电位差会逐渐衰减到接近于 0 的值而不是直接消失，像这种在充电、放电过程中产生的附加电场（二次电场）现象，就称为激发极化效应。

ADMT - 6B 型多功能数字直流激电仪见图 4.5 - 66。

图 4.5 - 65　艾都 ADMT - 100D 型　　　图 4.5 - 66　ADMT - 6B 型
堤坝管涌检测仪　　　　　　多功能数字直流激电仪

激发极化法曾被应用在云南毛家村大坝坝体的隐患检测中，并成功检测出该坝体的渗漏部位。

4.5.7.5 电磁法

电磁法检测技术是以电磁波为检测介质的检测方法，主要包括瞬变电磁法、频率域电磁法、地质雷达检测技术和红外线成像检测技术。

1. 瞬变电磁法（TEM）

瞬变电磁法也称为时间域电磁法，利用不同位置、不同深度地层对一次磁场变化产生的涡流强度的不同来检测地质异常。地层电导率高，产生的涡流强度大，二次磁场也就更强。瞬变电磁仪见图 4.5－67。

中国水利水电科学研究院率先将瞬变电磁法应用到土坝和地方渗漏隐患的检测中，并研制出了 SDC－2 型堤坝渗漏检测仪，不仅可以检测出堤坝的渗漏隐患，还能定位渗漏通道，最大测深为 60m，位置分辨率为 1～5m（横向测站间距可任意设置），深向分辨率为 1～2m，相对分辨率（径深比）约为 8%。

图 4.5－67　瞬变电磁仪

该仪器不受接地电阻变化的影响，操作简便迅速，一个测站的测量时间小于 0.5min，成功应用在尼山、密云、岳城等多座水库大坝的坝体渗漏、坝基渗漏、绕坝渗流等检测检验上。

2. 频率域电磁法

频率域电磁法是通过测量堤防填筑材料的电导率是否存在异常来判断其是否存在隐患的。常见的频率域电磁法仪器主要是 EM34－3 型大地电导率仪，在洪水期用来测定渗漏险情的位置。EM34－3 大地电导率仪见图 4.5－68。

与瞬变电磁法相比，频率域电磁法的缺点是深向分辨率较低，难以发现堤身内埋深较浅、体积较小的异常体。在检测洞穴、裂缝堤防隐患能力方面，瞬变电磁法优于频率域电磁法；而在松散区隐患检测方面，频率域电磁法较为有优势。

3. 地质雷达检测技术

地质雷达检测是由地面下地下发射宽频带、短脉冲的电磁波，分析接收到的返回信号的电磁波差异性，进而检测堤坝隐患。便携式地质雷达检测现场见图 4.5－69。

图 4.5-68　EM34-3 型大地电导率仪

图 4.5-69　便携式地质雷达检测现场

现有的地质雷达检测系统对于含水量少埋深较浅的堤坝段隐患检测效果较好，以往的实践经验表明，利用 100MHz 发射频率可以查出坝下 10m 多深的废涵洞和 1.7m 深的废涵管，400MHz 工作主频能够检测 3m 深度的 10～20cm 大小的白蚁窝。

4. 红外线成像检测技术

红外线成像检测技术是利用微波和可见光之间频段的电磁波对目标物进行检测和成像的技术，初期多用于夜间军事活动，随着红外成像技术的发展，以及红外成像仪的不断改进，已经用于遥感技术及其他领域，如堤坝管涌和散浸检测、流感发热人群的检测、民用遥感技术等。手持式红外成像仪见图 4.5-70。

图 4.5-70　手持式红外成像仪

将红外成像仪应用于堤坝渗漏隐患检测时，可以远距离检测到堤坝的管涌和散浸，并具有独特的优越性。红外线成像仪可以在夜间清楚探知管涌和散浸的部位，并形成图像保存。使用红外成像仪探查管涌的方法简单，只需要手持红外成像仪在堤顶行走，对堤内所有区域进行扫描成像，就可以及时发现堤内任何位置出现的管涌。该仪器还可以安装在汽车上，沿堤巡查，彻底改变了以往人工拉网式查管涌的被动落后局面，大大提高检测效率，赢得抢险除险时间，节省大量的人力。

4.5.7.6　核磁共振技术

核磁共振技术是国际上较为先进的一种用来直接找水的地球物理新方法。它应用核磁感应系统，通过由小到大地改变激发电流脉冲的幅值和持续时间，检测由浅到深的含水层的赋存状态。我国已经在三峡库区的部分滑坡体进行了应用试验，效果较好。

核磁共振技术应用于地质灾害监测，可以用于确定地下是否存在地下水、含水层位置，以及每一含水层的含水量和平均空隙率，进而可以获知滑坡面的位置、深度、分布范围等信息，从而对滑坡体进行稳定性评价，并对滑坡体的治理提供科学依据。核磁共振找水仪见图4.5-71。

4.5.7.7 弹性波法

弹性波检测技术是指利用堤坝隐患与背景场的波速及波阻抗差异，采用纵波、横波反射技术及面波检测技术来进行堤坝隐患检测，目前应用较多的是地震波和瞬态瑞雷面波。弹性波检测仪见图4.5-72。

图 4.5-71 核磁共振找水仪 　　　　图 4.5-72 弹性波检测仪

地震反射波法也就是利用纵波和横波的单点反射来快速扫描检测段，检测施工结合部和堤防土体成层情况。此法能够发现隐患的存在，但还需采用其他方法对可疑段进行详细检测。

瞬态瑞雷面波检测多用来检测堤坝松散层和土坝渗漏水异常区，原理是利用瑞雷面波的频散（波速随频率变化）特性达到检测深部构造的目的。目前国内许多检测单位把该技术用于工程实践，黄河水利委员会物探总队在黄河大堤老口门堤段用该技术得到较好的检测效果，其结果表明，当深度小于30m时，此法可直接推断出底层界面，根据异常幅值的大小可以判断出软弱层的强度性质和大小范围。

4.5.7.8 流场法

流场法是利用电磁场、弹性波场等去拟合渗漏的水流场，拟合后的场的密度向量分布与渗漏水流的水流密度向量一致，集中指向渗漏水的入口，此法在对浏阳株树桥水库的检测中取得了较好的效果。现今，已有多种类型的利用流场法原理发明的堤坝渗漏检测仪器，图 4.5-73 为依据流场法原理生产的 DB-3A 型堤坝管涌渗漏检测仪。

4.5.7.9　地层地温检测法

地层地温检测法是利用地下水的流速、流向、堤坝的热学性质、空气以及地热等因素会导致表土温度产生变化的原理，根据表土温度勾画出小范围浅层地下水流系统。土壤地温仪见图 4.5-74。

图 4.5-73　DB-3A 型堤坝管涌渗漏检测仪　　　图 4.5-74　土壤地温仪

现场检测时，根据需要将温度传感器布置成检测矩阵，矩阵由若干条测线组成。检测时将温度传感器沿矩阵中的测线插入距地表 1m 的深孔内，沿每条测线进行温度检测。检测完所有检测点的温度后，根据获得的温度场数据，就可以计算出渗漏通道的埋深及其范围。目前，有的仪器可以检测地下水流的深度为 10m，即能检测出堤坝表面以下 10m 范围内的渗漏通道及其范围。也可将若干温度计连接成自动监测系统，进行重要险工险段的渗漏监测。地层地温仪具有价廉、轻便、简单、易于操作等优点，特备适用于小型均质土坝渗漏和堤防散浸、管涌的检测。

4.5.7.10　小流速仪法

小流速仪法是利用测量流速和流场的原理来检测渗漏入口。在检测堤坝渗漏入口时，由于渗漏入口处及其附近水域的流场十分复杂，需要采用双向小流速仪。检测时，将双向小流速仪放在靠近水流底部，查险人员在堤顶上或船上控制小流速仪沿水底扫描，若发现流速仪显示异常，说明该处的流速和流场出现异常，可能存在渗漏通道入口。

目前，国内外已经研发出在明渠中应用的多种测试原理的小流速仪，如旋桨式、热丝式、电磁式、超声波式、激光式等。

4.5.7.11 声发射监测法

声发射监测法是通过监测材料破坏过程中产生一系列应力波而发出的噪声来达到检测目的，在监测金属、岩石破裂和滑坡中已经相当成功。如果大坝内存在渗漏通道，水流会发出声音，将接收传感器布置成矩阵，就可以定位渗漏通道的位置。声发射检测仪见图4.5-75。

图4.5-75 声发射检测仪

目前，声发射监测法应用于土坝渗漏检测已有报道。报道中，坝长400m，坝高4m，使用的传感器（加速度计）的频率范围是500~8000Hz，在沿坝轴线150~210m范围内，声发射计数率高达400~500计数/min，而其他坝段的声发射计数率低于200计数/min。这一监测结果与深流量监测结果相符合。

4.5.7.12 混凝土坝声波层析检测法

混凝土坝声波层析技术是从人体层析成像技术（CT）发展而来的。混凝土声波层析成像的原理是利用声波在坝内部传播过程中，波动参数纵波波速及纵波衰减系数产生变化，得出波动参数在混凝土坝内部的分布状态，从而检测出混凝土坝的内部结构与存在的缺陷。该项技术在20世纪80年代首先在意大利进行研究。由中国水利水电科学研究院研制的混凝土声波层析检测仪，其发射声波的频率范围高达2000Hz，可将图像的位置分辨率提高到1m左右，发射角度可达80°，接受范围广，接收灵敏度高，接收波形清晰、稳定。混凝土声波层析检测见图4.5-76。

混凝土声波层析检测仪可对混凝土坝内部混凝土特性进行全面检测，检测被测断面内部特性参数分布情况及缺陷的位置与状态，可根据纵波波速值来推算出混凝土弹性模量及强度，进而估算出坝的应力状态及形变情况。

图4.5-76 混凝土声波层析检测

4.5.7.13 表面波裂缝检测法

表面波是一种应力波，由瑞利首先研究了这种波的传播特性，所以也称瑞利波。表面波是弹性波的一种，它的传播特点是沿介质的表面传播，高频波传入地下的深度小，低频波传入地下的深度大。利用此特点，只要改变激振器的振动频率，就可以检测不同深度的地层，将表面波的速度、波幅、波形和相位等多种参数进行综合分析，就可获得较准确的检测结果。表面波裂缝检测仪见图4.5-77。

图4.5-77　表面波裂缝检测仪

中国水利水电科学研究院根据表面波的传播特性研制出的表面波裂缝检测仪，可以在混凝土结构物的任何一个临空面（平面、立面、顶面及顶拱面）上进行检测，检测深度为0.1~10m的任意深度，并且不受结构物含水量和是否有钢筋的影响，与通常检查混凝土质量应用的跨孔声波法及钻孔取芯法比较，具有很大的优势。

4.6 遥感技术的应用

遥感技术是在20世纪60年代初发展起来的一门新兴技术，其利用地面上空的飞机、飞船、卫星等飞行物上的遥感器收集地面数据资料，具有获取数据资料范围大、获取信息速度快、周期短、手段多、信息量大和受条件限制少等特点，遥感技术的应用能够极大提升应急救援侦测的效率。

4.6.1 遥感与测绘

遥感测绘技术已经成了现阶段新型的大地测绘技术，已经被广泛地应用于国家建设的方方面面，在应急救援的信息侦测中也得到了应用。

4.6.1.1 导航与定位

现阶段的导航和定位应用最多的还是美国的 GPS 系统，其高精度的定位功能在一些测绘作业中发挥着重要作用。GPS 在测绘中通过事先设置好的大地参考点和无人机上的 GPS 设备进行波相位差分的测量，测量精度很高，在一定测量工作的范围可达到±(3～5) cm，能满足现阶段空中三角测量的需要。卫星上装载的 GPS 设备，如美国的 Landsat－5 卫星，其垂直方面的定位精度可达到±10cm、GPS 导航系统的组成、车载 GPS 导航仪和手持式 GPS 定位仪分别见图 4.6－1、图 4.6－2 和图 4.6－3。

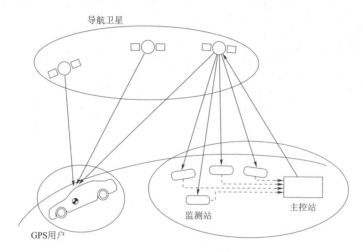

图 4.6－1　GPS 导航系统的组成

图 4.6－2　车载 GPS 导航仪

图 4.6－3　手持式 GPS 定位仪

4.6.1.2 几何参数量测

由于卫星、无人机等航空飞行器都具有导航定位系统，其拍摄的影像数据都包含有三维参数（经度、纬度、高程），在经过一定的影像软件处理之后，可以将影像数据进行矢量化，从而获得所需的量化数据，示例见图 4.6－4。

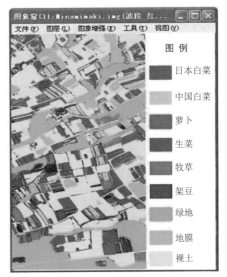

图 例

日本白菜

中国白菜

萝卜

生菜

牧草

架豆

绿地

地膜

裸土

（a）日本农田土地覆盖原始数据　　　　（b）日本农田土地覆盖分类结果

图 4.6-4　遥感影像矢量化示例

集雨面积是计算区域或流域内水库与河流来水量的重要数据，一般都是依据地形图上区域或流域内的山脊线来确定的。由于集雨面积一般都是处于大尺度范围之内，在地形图缺失的情况下，很难短时间内摸清周边地形情况。通过飞行器遥测技术，可以快速获得区域内的栅格影像数据和数字高程数据（DEM），利用遥感软件对其进行解译和矢量化后，可以计算出集雨面积以及坡降。

水库和湖泊由于泥沙淤积等而导致其库容变化，而实际中对中、小型水库泥沙处理工作很少，其现实水位—库容曲线与设计资料有较大出入。利用多时相不同水位下的湖库面积的遥感监测可以得到库容曲线，同样可以根据某时刻遥感影像上湖库面积反推出当时的水位。其优势是费用低、工作时间短，精度也可以达到实用的目的。这一技术在洞庭湖、富春江、新安江、乌溪江和古田溪等很多水库中得到应用，测量精度都比较高。

此外，随着高分辨率遥感技术的出现与发展，遥感测绘可以实现对堰塞体、滑坡体、河流、湖泊、水库以及溢洪道和大坝等设施建筑的几何参数进行测量。

4.6.1.3　地图制作

航空摄影测量一直是测绘制图的一种主要资料来源和重要的技术方法，其应用主要包括制作地形图、校正更新现有地图、制作影像地图和制作专题地图，并且成图的周期很短。例如：我国依据近年来发射的卫星获得的图像，完成了黄河三角洲 1∶50000、1∶100000 地图的编制，并绘制完成了我国第一幅南沙群岛影像地图。

4.6.1.4 航空三维激光扫描与成像（LIDAR）

航空三维激光扫描与成像技术是将激光测高计、GPS全球定位系统和惯性导航系统三者完美融合的一项新兴技术。它是利用激光测距原理和航空摄影测量原理，将三维激光测距仪和航空摄像机装载在飞行器上，可以快速获取大面积地球表面三维数据。

LIDAR技术的主要特点有：①可实现全天获取地面三维数据；②可同时测量地面和非地面层，快速、高精度和高分辨率地测绘森林或山区的真实地形图；③无须人员进入测量现场，不需要大量地面控制点；④获取数据速度快，12h可完成1000km³区域的地形数据采集，24h内可提取出DEM数据；⑤精度较高，数据的绝对精度在0.30m以内；⑥采集的高程数据密度大，可产生点阵间距为1.0m或更小的DEM；⑦集成了3S技术，可以实现信息获取、信息处理与信息应用"一条龙"，自动化程度较高。

根据LIDAR制作的三维地表模型示例见图4.6-5。

图4.6-5 根据LIDAR制作的三维地表模型示例

4.6.2 遥感与地貌地质

不同地物的波谱值之间存在差异，通过遥感数据中的光谱特征值可以区分地表地物的类别，从而绘制出地貌地质。

4.6.2.1 多光谱遥感

多光谱遥感是利用具有多个波谱通道的传感器对地物进行同步成像的一种遥感技术，它将物体反射辐射的电磁波信息分成若干波谱段进行接收和记录，极大地扩大了遥感的信息量，提高了地物识别的精度，也为计算机自动识别地物提供了可能。多光谱和高光谱遥感影像示例见图 4.6-6 和图 4.6-7。

图 4.6-6　多光谱遥感影像示例　　图 4.6-7　高光谱遥感影像示例

4.6.2.2　高光谱遥感

高光谱遥感是指利用许多很窄的电磁波波段从感兴趣的物体中提取相关数据,已成功应用于地质领域中,主要用于地质制图和矿产勘探。借助高光谱丰富的光谱信息,依据实测的岩石矿物波谱特征,可对不同岩石类型进行直接识别;依据不同的地物岩石光谱特征,采取不同的图像处理方法,可较好地识别岩类,并具有定量识别的优势。

4.6.3　遥感与监测

遥感技术既能够在区域范围内进行观测,也能够在小尺度上进行测量,相比其他的监测手段来说,它不仅可以用于定性分析,还可以用于定量研究。所以,通过遥感监测技术,不仅可以实现对险情现状的宏观了解,结合遥感解译技术还能够估算出险情导致的灾害类型与造成的损失。

4.6.3.1　变化检测

变化检测主要是通过对比不同时期的遥感影像,检测出地物的变化。它的基本原理是:不同地物的波谱特征值具有差异性,通过建立不同时期同区域的两幅同类型影像的专题层,计算出它们特征指数的差值,然后以阈值来确定地物是否发生变化。利用遥感影像数据进行变化检测的方法现在已经在国土资源、生态环境等领域得到了较好的应用,用于研究和监测土地利用、生态破坏、环境变化等情况,尤其是在高分辨率的遥感影像出现后,在城市建筑设施规划等小尺度监测工作中也有所应用。遥感变化检测示例见图 4.6-8。

对于应急救援侦测而言,变化检测可用于进行快速的灾情损失情况统计,例如洪水后的淹没情况的检测。洪水发生后,水体将下游的水田、居民区等地物淹没,由于水体与水田、居民区等地物的水体指数、植被指数等特征值具有

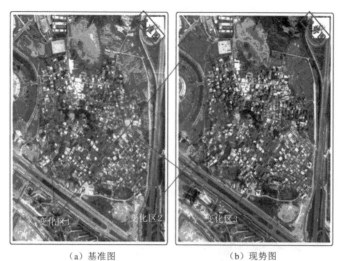

（a）基准图   （b）现势图

图 4.6－8　遥感变化检测示例

差异性，因而通过计算洪水前后影像数据的特征值，然后分析确定阈值，计算值处于阈值以外的区域就是淹没的区域，进而可以得到各地物被淹没的面积和位置，估算经济损失。

遥感应用于滑坡监测示例见图 4.6－9。

（a）滑坡前   （b）滑坡后

图 4.6－9　遥感应用于滑坡监测示例

4.6.3.2　形变监测

形变监测主要是指对抢险对象在外观上的变化和局部的变形进行的监测，例如堤坝产生裂缝、滑动、崩岸等外观上的信息和大坝、闸门等刚性建筑发生的变形等。目前，前者主要是采用近景摄影测量技术，后者主要是应用 GPS 定位技术。近景摄影测量系统见图 4.6 - 10，大坝和边坡 GPS 自动化形变监测见图 4.6 - 11 和图 4.6 - 12。

图 4.6 - 10　近景摄影测量系统

图 4.6 - 11　大坝 GPS 自动化形变监测　图 4.6 - 12　边坡 GPS 自动化形变监测

近景摄影测量技术是通过近景摄影和随后的图像处理来获取监测目标的形状大小的一门技术，一般使用量测摄影机和图像处理软件来共同完成。近景摄影测量不是以测制地形图为主要目的，而是以摄影测量为主要手段，对被测物体进行摄影，根据影像进行量测、解算。其优点是不接触、不伤及被测对象，信息容量高且易储存，精度高，速度快，信息可重复使用。

目前遥感在大坝等变形监测系统中的应用主要还是以定位技术为主，如 GPS 定位、北斗定位等，并且已经取得了良好的效果。其工作原理是在一定区域内建立一个或两个基准站、多个监测站，通过监测站的精确坐标计算，实现

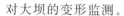

对大坝的变形监测。

4.7　询问与调查

询问与调查是指深入任务区域，直接向当地有关部门机构和居民获取信息的方法，这种方法获得的信息往往更贴近现实，更能反映实际状况。

4.7.1　询问与调查的必要性

虽然现在处于信息时代，信息搜集与整理相对较为容易，但在实际当中进行一定的询问与调查还是十分必要的。

（1）应急救援决策所需的辅助信息种类很多、范围很广，现有的资料和记录可能有所缺失。

（2）现今应急救援侦测的专项工作还没有完全展开，许多信息获取机制未能发挥效能。

（3）灾区环境条件受限，险情瞬息万变，信息不能及时传递。

（4）部分区域信息化水平落后，不能做到信息的及时更新。

（5）许多水利设施建设年代久远，资料信息与实际不相符。

（6）其他因素干预，使得部分灾情信息报送不及时。

4.7.2　询问与调查的内容

询问与调查的内容通常包括以下几个方面：

（1）建筑设施的实际运行和检修加固情况等工情信息。

（2）灾情现状和对生活的影响等险情信息。

（3）地形地貌地质、天候、危险源、污染源、交通条件及地质灾害事件等环情信息。

（4）当地政治、经济、宗教民俗、疫情及重要社会事件等社情信息。

（5）救援机构、医疗机构、救援物资和料源分布等市情信息。

4.7.3　询问与调查的方式

询问与调查的方式主要有走访询问和社会调查。

走访询问是指根据所需信息实地询问当地的知情人员。一是询问所属区域的相关直管单位机构，例如水利（务）局、水电站、观测站、防汛办、派出所等，这些单位机构对所属辖区的实际信息较为了解，而且在灾情出现时也都是工作在一线的机构，能够为开展后续救援行动提供有利的建议参考；二是走访询问险情发生区域的长住居民，他们对于附近区域的地形地貌、设施的运行情况以及可能存在的灾害威胁等情况十分清楚，并且还能从中获取居民面对险情的态度和急切需要帮助的地方，从而可以有效避免社会性事件的发生。

社会调查主要是用于向社会搜集潜在的险情信息，相关工作一般在灾情预发期（例如汛期）前进行，主要的方式有手机短信、网络问卷和调查问卷。通过公布险情信息收集的电话号码、网络邮箱、网址以及发放问卷等方式，让广大群众都能自发搜集检测灾害隐患，层层上报，形成群测群防的潮流。目前，这种方法已经逐步在实施当中。

总之，在实际的应急救援信息侦测中，询问与调查的内容很多，而以询问与调查的方式获取信息的渠道和方法也很多，需要结合实际的具体情况，选择最迅速有效的途径。

第 5 章
应急救援侦测准备

随着全球环境的变化，抢险救灾任务越来越重，灾情侦测工作面对的新情况、新问题也越来越多，尤其是队伍不强、装备不足、渠道不畅和风险预测不准的问题比较突出。要解决这些问题，提高灾情获取能力，更好地为圆满完成应急救援任务，就必须加强对侦测工作的准备工作，包括人装物配置、军警民融合、侦测保障以及侦测训演等工作，切实保证侦测的功能能够充分发挥出来，实现价值的最大化。

5.1 人装物配置

人装物是指人员、装备和设施，它们既是救援侦测力量的基本构成要素，同时也是其侦测能力的重要影响因素。对于能够单独承担应急救援侦测任务的侦测力量来说，其人装物的配置具有一定的要求。

5.1.1 人员的组成与职责

完整的侦测工作组应当由侦测组长、侦测副组长、通信、专业技术、侦测助理、专职安全员、测量、宣传报道、侦测员等人员组成，各成员在平时和抢险救援时的职责分工各有不同。

（1）各组成员在平时的职责。

侦测组长：随时掌握灾情形势，适时召集侦测组人员召开灾情形势分析会，研究历史灾情案例，制订完善灾情侦测预案，并组织训练演练。

侦测副组长：加强与任务区域内地方政府办公厅、应急办、减灾委、防汛抗旱指挥部，水文、气象、地质、地震等有关部门及友邻救援队伍的沟通联系，形成长效工作机制；定期组织其他成员开展各类信息的整理汇集工作，并完善更新数据库。

通信人员：与地方应急部门建立专网链接，组建联合预警、信息共享平台；研发灾情侦测系统应用平台，定期维护数据库；拟制各类灾情侦测通信保障和训练方案，做好通信侦测装备的维护保养和日常训练工作。

专业技术人员：建立和加强与任务区域内重要设施主管部门的联系沟通机制，搜集大坝、水库、发电厂等重要设施的相关数据；参与侦测方案预案的制订与完善；指导测量队做好日常训练演练。

侦测助理：加强与地方交通、运输、应急物资储备等部门的联系，随时掌握相关交通、可用资源等情况，建立交通、资源分布动态数据；掌握本单位装备实施的配置和性能状况。

专职安全员：平时参与救援队伍的日常工作，定期参与培训，完成指定课时的学习。

宣传报道人员：加强与地方宣传、民政、公安部门的沟通联系，搜集任务区域内民情、社情数据；制订、完善抢险救援宣传保卫预案。

测量人员：加强与任务区域内测绘局的联系沟通，搜集、整理任务区域内原始地形地貌图；测量装备使用、管理和保养，定期开展测量训练。

侦测员：对重要建筑设施的工况和运行情况进行检查，对所属区域的水情进行监测等。

（2）各组成成员在抢险救援时的职责。

侦测组长：一般情况下，前出至一线，负责整个侦测组的组织领导和指挥控制，统筹任务分工，指挥现场侦测和信息初步处理，审核确定上报情报内容，统筹侦测工作。

侦测副组长：主要负责灾害地区基础设施信息情报搜集，与灾害地区气象、水利、水文、国土、地质、交通、地震、防汛、公安、消防等部门加强联系，及时询问、了解掌握相关情况，接收上级、地方及友邻队伍的情况通报，编制侦测情况报告文书，上报相关情报，传达组长指示等。

通信人员：根据灾情现场环境和侦测需求，综合运用通信装备，安全、迅速、高效组织现场声像资料录入和信息传输工作。

专业技术人员：根据现场情况，拟订完善侦测计划、侦测安全方案，搜集处置对象、水文、地质等相关数据，并对数据进行初步分析处理。

侦测助理：掌握本单位装备物资使用与消耗程度，与地方交通、运输、应急物资储备、供应商等单位联系，掌握有关交通、社会资源等情况。

专职安全员：负责灾情侦测现场的危险源辨识、危险点实时监测、区域安全监护工作，发现紧急情况及时发出预警信号。

测量人员：在专业技术人员的指导下，主要对处置对象各要素和周边环境变化等进行侦测，同时对相关数据进行初步处理。

宣传报道人员：负责搜集灾害地区民情、社情、灾情，如人口数量、宗教、文化、灾害可能造成的损失、社会关注度等；负责对外宣传报道和与当地公安部门保持联系等。

侦测员：对重点区域和危险段进行巡视检查。

至于在人员编制数量方面，可以视险情的大小进行抽组。总队同时遂行一起大规模、两起中等规模任务时，总队侦测组保障重点方向，次要方向有支队侦测组保障，必要时总队可抽组支队侦测人员，编入总队侦测小组，强化侦测力量，或总队派遣指导组对支队侦测工作进行指导。支队同时遂行两起中等规模抢险任务时，基指侦测组人员不变，成立两个前指侦测组，侦测组人员根据实际需要确定，人员不足时可将大（中）队军事主官编入侦测小组，或请求其他支队增援。大队独立遂行一起小规模抢险任务时，通常由支队派出指导组，帮扶指导开展侦测工作。

特殊时期应将各防汛、水电站、观测站等单位的人员编入侦测员中；当险情较小或者其他特殊情况下也可一人身兼数职。

5.1.2　装备配置

按照侦测任务的客观要求和实际需要，侦测队伍除了常规装备（衣食住行方面）的配置之外，主要配置的侦测装备分为三大类：①信息采集类；②通信联通类；③测量绘图类。

信息采集类装备有：望远镜、照相机、摄像机、六旋翼无人侦测机、小型地质钻机、红外侦察仪、生命检测仪、风速测量仪、边坡变形安全监测系统、无人机三维成像系统、内部隐患探测仪等。

通信联通类装备有：超短波手持台、短波电台、卫星电话、卫星便携站、综合指挥车、无线图传系统等。

测量绘图类装备有：GPS测量仪、GPS定位导航仪、全站仪、测距仪等。

对于在一定时间内无须支援帮助即能独立完成救援任务的救援队伍来说，它所属的侦测队伍应当起码配有望远镜、照相机、摄像机、超短波手持台、卫星电话、短波电台、卫星便携站、六旋翼无人侦测机、GPS测量仪、GPS定位导航仪、全站仪、小型地质钻机、红外侦察仪、生命检测仪等侦测装备。至于无线图传系统、边坡变形安全监测系统、无人机三维成像系统、综合指挥车等更为高新的侦测装备则需依据救援队伍的定位和能力来进行合理配置，也可根据实际情况采取租赁、借用等方法。

5.1.3　设施构成

侦测设施主要是指灾情侦测室。

对于具备单独承担救援任务能力的救援队伍，应当建立灾情侦测室。其作用是为使救援队伍随时都能及时地收到灾情信息，并依据简要设施了解基本情况，迅速做到上传下达。灾情侦测室内通常悬挂中国地图、驻地地图、救援力量分布图以及值班员职责表；室内放置办公桌、文件柜、专网电脑、互联网电脑、打印机、传真机、电话机以及全国防汛办、应急办、地震、气象、水利等相关部门通信联络表和参与处置各类情况行动的方案预案及各类资料。

5.2　军警民协同

从应急救援的实践看，历次大规模抢险救灾均是地方政府主导下的党、政、军、警、民五位一体的大体系联合行动，是军警民"合力制险"的过程。可以说是军警民的协同配合取得了抢险救灾的胜利，也可以说抢险救灾行动的胜利离不开军警民的协同。

5.2.1　军警民协同的现状

军警民协同是我军军民结合、寓军于民思想的伟大发展，应急救援侦测方面的军警民协同主要是体现在信息、技术、人员和装备器材等资源共享上。目前在应急救援侦测方面，军警民协同还有一些问题有待解决。

（1）认识不深，平时工作不够。部队作为一个特殊的群体，其严格的纪律和过硬的作风，在救援过程中拥有不可替代的地位。而应急救援侦测涉及的政府部门以及非政府性的单位机构，在侦测方面各有自己的优势，有的信息来源广，有的装备技术精，这些恰恰是救援部队所急需的。部队在与社会联系交往方面有一定的客观限制，无论是程序上还是尺度上都需要认真严格把握。

"多一事不如少一事""不求有功但求无过"的思想还是多少存在的，只想着安定度日，在实际工作中避重就轻，这些都是与"大维稳观"不相符的。说到底还是思想上认识不深，只有眼观大局、把握主次、分清形势，将平时工作做细做实，才能跟随时代发展进步，才能形成真正的战斗力。

（2）技术落后，信息化建设不足。现代的救援战斗不再是以前的被动承受或者被动应战了，而是已经发展到了主动作战的阶段。这是时代发展进步的必然趋势，而化被动救援为主动救援的前提是信息，关键在时间，立足点就是信息化建设。庞大的信息网络将信息的获取、存储、传输和处理变得更加快速高效，从而使得主动应战成为可能。

对于目前的应急救援队伍来说，还未能实现真正的信息化，起码对于基层队伍来说，现代信息化建设还未能真正覆盖，而基层恰恰是主动应战的"前线"。尤其是单独驻防的基层队伍，它们与本区域内的地方侦测力量更容易接触，同时也最熟悉区域内的情况，信息化建设可以更好地促进纵向上与上级的信息互通和横向上与地方信息网络的连接，如果只靠原始的电话、电文、通告等方式来进行信息交流，既费时又费力，效果不高。

（3）体制机制不协调，沟通协调困难。军警民的高度协同需要以高效的体制机制作为保障。现阶段的应急救援体制机制还处在建设之中，各项体制机制还不够健全，这就使得协调的过程存在很多困难。一些单位在侦测的权责分配上不明晰，指挥关系也不顺畅，使得一些工作或重复或缺失，资源浪费的同时还不能够达到预期的效果。而在军警民的协调过程中，许多军地单位的交流也仅仅局限在有限的小范围之内，不敢迈开步子，这使得军警民协同的作用难以有效发挥。

5.2.2 推进军警民协同的举措

"统筹经济建设和国防建设，进一步做好军民融合式发展这篇大文章，实现富国和强军的统一"这一重大战略思想的提出，标志着军民融合已经上升到国家方针战略的高度。对于整个应急救援行动来说，推进军警民协同是今后一个时期的使命目标。

（1）强化理念，坚持军警民协同主动做。推进军警民协同，第一，就需要强化理念思想，在全社会树立"大维稳观"的观念，从而使得军地各界主动作为。第二，加强学习和宣传。以理论学习、研究交流和领导授课的形式开展相关政策方针的学习，以报刊、广播和网络等作为载体宣传党中央关于军地融合发展的指示要求和推进军警民协同的必要性。第三，转变思维定式。军地各界要突破以往自成体系、各自为战的模式，牢固树立"一盘棋"的思想，避免在军警民协同上出现走形式、走过场或者"一头热"的现象。第四，做好顶层设计。倡导军地各界将军警民协同纳入军地双方的议事日程，作为一项重要事项来抓工作。找准各自特性的同时找到共性，看到局部问题的同时也要看到全局利益，碰到近期矛盾的同时也要想到长远发展。

（2）提高认识，加快推广信息技术。现阶段，军地双方的信息化建设较以往有了很大的提高，但要想实现军警民深度融合还有几点需要注意的地方。一是信息化全覆盖的问题。信息化全覆盖不仅要加大硬件设施（如现代化侦测设备和信息传输设备等）和软件设施（如数据应用与共享平台等）的建设，还要加强技术人员的培养，防止出现人员和装备不匹配的问题。二是信息互通的问题。在保证信息安全的前提下，使得军地相关部门能够清楚了解自身及其他相关力量的实力与配置，这样可以便于合理调用资源，达到资源高效利用的目的。

（3）加强保障，健全体制机制。军警民协同要想长久、有效，必须靠体制机制来保障：①健全协调共享机制。按照我国突发事件应急管理体制的要求，在党中央的统一领导下，建立以属地为主的应急救援协调会议制度，应急救援协调会议应在当地党、政、军共同协调下进行；②健全检查督导机制。以地方政府为主导，定期检查军警地在协同中存在的问题，及时纠治指导，妥善处理军地之间的矛盾，着力实现军地双赢的局面。

（4）重在落实，开展常态化联合演练。联合演练是促进军警民协同的最为有效的一种方法。通过联合演练的方式，不仅可以提高军地之间的配合默契，还能据此检验在日常军警民协同中工作中存在的漏洞与缺陷，做到及时查缺补差。因此，每年军警民三方要定期共同研究近期可能发生的各种突发事件，围绕不同的情况，设置演练科目，从严从救援实际出发，训练军警民三方在指挥、任务分配、通信和保障等方面的协调程度，通过演练的情况总结经验、寻找存在的薄弱环节并加以改善，为在应急救援实战中实现快速、高效打下坚实基础。

5.3 侦测保障

侦测工作的顺利开展离不开坚实的保障基础，因此，明确应急救援侦测保障的主要类型和基本方式，掌握侦测保障资源的来源，有助于提高应急救援侦测保障的效能，为应急救援侦测工作打下坚实基础。

5.3.1 侦测保障的主要类型

应急救援侦测主要的保障类型可以总结概括为费用保障、物资保障、技术保障、运输保障和卫勤保障等。

（1）费用保障。费用保障主要是为了顺利完成应急救援侦测任务而提供的经费支持。一方面，根据应急救援具体任务的需求和侦测力量编制，向国家或地方政府提前做好经费预算；另一方面，根据任务实际及时领拨费用，并做好费用使用计划与开销明细，使费用的使用透明化、科学化。关于费用的管理，可以由保障部门和具体人员负责，也可由侦测小组中的专人负责。

（2）物资保障。物资保障是应急救援侦测保障乃至整个应急救援保障中的重要内容，可以分为两大类。一类是消耗类物资，包括人员所消耗的各类给养、被装等以及装备器材消耗的油料、配件与消耗件等。消耗类物资是保持人员精力充沛和装备器材持久战斗力的重要保证，也是物资保障中的重难点。另一类是装备器材类物资，主要是各类侦测设备、通信网络设施设备等，它是提高侦测效率的重要物质保障。

（3）技术保障。技术保障是指为促进侦测工作的效率而使人员和装备设施处于良好的状态，按照技术要求所采取的措施。技术保障包括对人员的培训、教育和对装备设施的检修、保养、维护、管理等内容，实质上就是提高人员技能和装备的完好率。尤其是现今的装备设施愈加科学、愈加精密，对操作人员的技术水平和装备设施的保养维护的要求也就更高，所以可以说技术保障是侦测专业队伍的核心，必须从思想上和行动上对技术保障予以高度重视，安排定期的技术保障计划，并确定专人负责。

（4）运输保障。运输保障是为实现侦测队伍的及时到位和撤离而制定的交通运输措施。运输保障的类型主要有汽车、火车、轮船、飞机等，近距离以汽车为主，中远距离以火车为主，远距离以飞机为主。一般按照救援队伍的编制和任务的规模，适当配置运输工具，不具备自身运输条件的队伍，应当与交通运输部门建立保障机制，确保在任务中拥有快捷的"绿色通道"。

（5）卫勤保障。卫勤保障即卫生勤务保障，是指为了保障侦测人员的人身安全而设立一些保障措施。侦测人员往往是第一批进入灾区、第一批面对未知风险的人员，应当具备一定的自我救助与施救能力，并配备少量的急救物品，确保人员安全。其他的卫勤保障可依托于救援队伍或者有关部门的卫勤力量。

5.3.2 侦测保障的基本方式

侦测保障的基本方式一般包括自我保障、区域保障和联合保障，在实际中应当根据自身与任务的客观要求灵活选择。

（1）自我保障。自我保障是指依据自身情况和职责要求，以本单位为主体的保障方法，是最为基础和常见的一种保障方法。这种保障方式具有很强的目的性、鲜明的阶段性和较好的稳定性，能够做到有步骤、有组织地进行。自我保障通常又包含计划保障和随机保障。

计划保障是指依据预先拟订的保障方案而实施保障的一种方法，它的实施步骤分为三步进行：①需求预测，也就是对自身所需保障的内容、标准等进行分析、预测。预测的依据主要是以往遂行任务的经验、自身的实力状况、长期和短期目标以及近期任务的要求等。在需求预测中，应当结合条件进行充分周密的思考和计算，做到实事求是、合理适度，既不概略估算，也不随意扩大。②拟订计划。拟订计划是实施自我保障的基础和依据，应当明确保障的各项内容、目的、用途、标准等，并细分出近期计划、阶段计划与总计划。③执行计划。严格按照计划的内容与标准落实计划，并做好记录，及时反馈保障信息，总结经验教训，不断提高保障效率。此外，在计划保障的整个过程中，要做好监督检查工作，及时纠正因客观原因和主观因素造成的偏差，确保保障的效用达到最大化。

随机保障是计划保障的补充，是指依据保障对象的临时需要进行保障的方法。在遂行任务中往往会出现一些偶然因素，导致计划保障不适用或者中断，甚至导致侦测任务改变，这时就需要采取随机保障进行补救。随机保障具有一定的被动性，需要紧密结合实际情况，及时采取措施才能在被动中争取主动。

（2）区域保障。区域保障是指在一定区域内，由所在区域的政府部门及抢险救援力量组织共同建立的协同保障方法。主要的做法就是就近就地筹措侦测物资和侦测装备等保障内容。区域保障打破了各地方部门及其他救援力量之间的侦测物资、装备条块分割和自成体系的做法，可以使得侦测物资、装备等资源得到有效利用，提高了资源的利用率，是一种重要的保障方法。由于区域内涉及侦测的部门机构及救援力量众多，所属单位的管理机制有所不同，因此必须建立完善的区域保障机制，确保区域保障能够运行通畅。

（3）联合保障。联合保障是指由各救援力量共同协调建立的保障方式。联合保障法是现今应急救援主要的保障方法，一般由救援抢险联合指挥机构统筹规划。它具有保障力量大、保障能力强的特点，能够在最大程度上充分利用人力、物力和财力。由于联合保障涉及军警民多方力量的保障资源，需要各级各部门加强协调，及时与提供保障资源的各部门单位做好沟通与解释工作。应急救援侦测的联合保障一般都是建立在应急救援联合保障机制之上，属于其中一部分。

5.3.3　侦测保障资源的来源

应急救援从来就是一项社会性的工作，应急救援侦测也不例外，加之参与力量多元、力量分散，这无疑增加了保障工作的难度。而高速发展的现代社会为保障资源的挖掘提供了物质基础，无论是物资装备还是科学技术都可以从社会这个资源库中获取，所以要想做好应急救援的各项工作，必须摒弃"门户之见"，充分挖掘可利用的社会资源，实现全社会的共同保障。

（1）借助社会各方。应急救援所需的各类物资、器材和装备都离不开社会各方物资、财政、卫生以及救援队伍等部门的支持，这些物资与装备器材往往都是与地方上通用的，地方上拥有丰厚的储备，而有些物资在应急救援中的消耗又是巨大的，不可能完全依靠自我保障，所以在应急救援中，应当积极与地方各组织、机构协调，争取更多的保障资源。但是由于地理条件的限制，保障资源的来源一般也是在灾区附近，所以也不能完全依赖它。

（2）依托政府部门。依托当地政府，在救援当地筹措物资，实施保障。抢险救援实际就是和时间赛跑，受地理条件的影响，有时有些装备的调用、运输显得十分困难，但这些装备又是完成任务的必要条件。因此，依托当地政府，就地筹措这些特殊侦测装备器材以及车辆油料等通用物资，可以极大地减少时间和费用的消耗。当然，不能一味地盲目依托地方政府，必须根据当地的实际情况灵活掌握。

（3）依靠科研单位。技术是保障侦测效率的根本。随着科技的发展，应急救援侦测的技术在不断进步，侦测的装备也在不断更新换代。在很多方面，即使是军队与政府部门的救援侦测队伍的技术水平和装备的更新也往往滞后于社会。依靠社会上政府科研单位和非政府科研组织，加强与国际之间的合作、与非政府组织之间的合作、与社会各界有识之士的合作，一方面可以获得更多的支持与理解，另一方面可以获得高新技术的保障。

5.4 侦测训演

应急救援侦测训演，包含侦测训练和侦测演练，目的是提高侦测人员的技术水平与侦测队伍的整体能力，以便在救援侦测行动中，达到快速、有序、高效的要求，它是做好应急救援侦测准备的关键环节。熟悉掌握侦测训演的形式手段、内容与实施步骤，有助于科学有序地开展侦测训演工作。

5.4.1 侦测训演形式与手段

训演的效果受训演形式与手段的影响，科学的训演形式和训演手段是实现训演效果的可靠保证。由于受到器材、场地、人员水平等客观条件的影响，如何根据现有的实际条件科学地组织侦测训演就显得尤为重要。

（1）应急救援侦测训演的主要形式。按照训演的组织方式，可以将应急救援侦测训演分为逐级扩大训演、基地集中训演和应急临战训演三种形式。

1）逐级扩大训演的形式。由于应急救援侦测力量分布零散，单位实力和人员基础差异较大，所以直接进行联合训演的效果不佳。而采用逐级扩大训演的方式不仅有利于提高各级侦测指挥决策人员的组织指挥能力和各力量之间的协同配合能力，同时还能解决由于侦测基础差异而造成联训联演效果不高的问题。逐级扩大联合训演是逐级扩大联训联演对象，同时逐级增加联训联演内容的难度。首先是以侦测队伍为单位组织侦测基础、基础安全常识、侦测装备基础操作等基础理论学习，之后以小区域或者部门机构的所属侦测力量为单位组织专项训练，最后以军地联训联演的方式组织大范围内侦测力量进行应急救援侦测演练。这样由低到高、由易至难，逐等级地安排训练演练任务，使训演内容具有良好衔接性，从而逐步使侦测力量达到遂行应急救援侦测任务的要求。逐级扩大联合训演的方式是目前最为适应客观要求且具有良好可操作性的应急救援侦测训演方式。

2）基地集中训演的形式。基地集中训演是指利用训演场地和设施，分批次定期组织专业侦测力量进行集中训演。集中训演的基地必须具有规模庞大的训练场地和现代化程度高且配置齐全的设施，它能够解决众多侦测队伍由于场地和设施限制而导致训练效果不高的问题，而且有利于统一思想，规范侦测程序。另外，不同的训练场地和设施，可以实现对不同条件下侦测工作的模拟，以接近实战的条件锻炼队伍，从而更容易达到增强战斗力的目的。但是，基地集中训演对于训练场地和设施的要求很高。从我国的现状来看，目前还没有专门的高标准训练场地和配套设施，只能满足在小范围或者某些训练项目上的要求，所以基地集中训演的优势和效果还没能充分体现出来。

3）应急临战训演的形式。应急临战训演是指在有限的时间内，针对即将遂行的应急救援任务，而开展的有针对性的临战训演。它是一种从属于应急实际需要的紧急性训演，任务紧迫、时间有限，并且训演进程随时可能被中断，具有很强的不确定性。应急临战训演就是根据即将可能发生的或者是正在发生的灾害事件进行紧急应对训练，其训练内容与实际任务一致，训练目标是以完成应急侦测任务为标准，训练要求比平时训练更加紧迫和严苛，目的是提高任务中应急侦测的效率。由于应急临战训演的时间紧迫，所以在训演中要分清主次，对重难点和薄弱环节进行重点训练，在先主后次、先会后精的原则上视时间开展其他内容的训演。

（2）应急救援侦测训演的一般手段。高质量的训演，尤其是应急救援侦测的训演，必须依赖于一些必要的设施和技术，现代科学技术的发展与应用，使得应急救援侦测的训演手段更加适应实战要求。

1）利用装备和器材。利用装备和器材训演是指利用救援单位编制内的所属的应急救援侦测装备、器材、装具等进行的演练，是应急救援侦测演练的最基本手段，即使是在现代化技术手段得到普遍应用的未来，仍然不可缺少利用装备和器材进行训演。应急救援侦测力量进行训演所利用到的装备和器材主要包括观测仪器、测量仪器、检测仪器以及监测系统等。利用装备和器材进行训演有利于受训人员熟悉和掌握装备器材的性能，实现人与装备的有机结合，提高侦测技术水平和应急处置能力。

2）利用案例与想定作业。利用案例作业是一种训练的模式，其最大特点在于教练员能够参与"教"与"学"的全过程，不但能够引导学习者演练，而且还能使学习者学会独立思考和分析问题与解决问题的能力。案例作业通常按照由简到难、由理论到实践、由单项到综合的顺序选择不同的案例系列，其基本程序分为案例学习、案例分析、案例讲解和案例作业四个步骤。

想定作业是依据想定的条件和情况进行作业的训练模式，是检验和提高受训者理论知识和实践能力的一种有效方法。想定作业按照作业方式的不同分为集团作业和编组作业，按作业条件的不同分为图上想定作业、沙盘想定作业和现地想定作业等。

3）利用网络技术。利用网络技术训演是指依托现代计算机技术和网络技术，以连接训练网络的计算机终端、媒体设备、分布交互式模拟系统、装备等组成演练平台，以演练文件、电教片、多媒体课件和演练想定、演练总结、教案、演练数据等训练资源信息库为网上资源，使受训者达成训演的目的。受训者可以利用网络资源，查阅相关资料、展开网上交流、进入网上课堂等，也可利用网络完成网上单项和综合演习。此外还设立监督、考核制度,提高网络训演效果。

4)利用模拟技术。利用模拟技术训演是指运用计算机及仿真设备、器材以模拟仿真的手段模拟装备性能、应对环境等进行的训演,它的特点是直观逼真,受训者易于接受,学习效率高,在不受外界地形、天候等客观因素的限制下,可以最大程度地接近实际操作、减少装备磨损和油料的消耗,并且整个操作过程实现了安全可靠。经历了从沙盘模拟到士兵模拟再到现今的计算机模拟,模拟技术在不断地完善和补充。

5.4.2 侦测训演内容及实施

应急救援侦测训演内容是指为了完成训演任务而设置的训练科目和演练课题,它是应急救援侦测训演的基础。而应急救援侦测训演实施步骤是为了完成应急救援任务而采取的教与练的方式和途径。不同的训演内容拥有与之对应的实施方法和步骤,只有运用正确的实施方法,才能保障训演任务的顺利展开和圆满完成。

(1)通用基础学习。应急救援侦测通用基础学习是指对应急救援侦测相关基本常识的学习,目的是使受训者从思想上和认识上对应急救援侦测有一个基本认识,打牢理论与思想基础。通常应急救援侦测通用基础学习的内容主要是:①基础理论学习,包括各类信息侦测原理、应急救援基础理论、灾害的成因与影响等;②基础常识学习,包括应急救援侦测常识、安全基本常识以及一些特殊地区的民俗民情等;③指挥理论学习,包括指挥系统的构成与使用、指挥程序与方法等;④基本政策法规学习,包括救援相关法律的地方性法规等。

通用基础学习的内容涉及的学科门类广泛,而且内容繁多,需要理解与背记。参照以往的学习经验来看,通用基础学习按照以下实施步骤进行,效果较好。①自学体会,受训者结合自身的岗位职责要求和以往经验进行自主学习。可以由组织者划定范围和时间有计划地学习,也可以按照自身的理论水平、知识基础以及岗位需要等选择性学习。②集中授课,将受训者集中组织起来,由理论和经验丰富的领导、专家和教授进行教学讲授。这种方法可以节约教学资源,集中为受训者答疑解惑,加强其对知识的掌握程度。③组织讨论,在组织者的引导下,组织受训者对有关重难点问题进行研究、讨论、辩论等,以此加深对相关知识的理解,进而达到互学互助、共同提高的目的。④案例研究,由组训者组织受训者针对重点案例进行分析和研讨,它是对所学知识的一个系统性检查,使得受训者可以及时查缺补漏。

(2)基本技能训练。应急救援侦测基本技能训练是指对救援侦测相关专业技术的学习过程。应急救援侦测是涉及专业性较强的技术,而基本技能训练的目的主要就是提高受训者的专业技术能力，掌握装备器材性能，实现人与装备器材的有机结合，增强救援侦测能力。基本技能训练主要包括：①操作技能训练，在掌握基础通用装备的基础上，熟练掌握侦测专业装备的使用方法；②专业侦测技能训练，针对应急救援侦测中可能遇到的侦测类型，例如水文气象、地质、裂缝等影响因素的侦测，进行有针对性的训练；③其他特殊技能训练，例如应对媒体和军民沟通等技能。

相比于通用基础学习，基本技能训练具有较强的操作性，其实施步骤一般分为理论讲解、示范演示、操作练习、检查验收和小节讲评。①理论讲解，指从理论上对训练内容进行解释阐述，包括对装备器材的构造、原理、性能以及注意事项等进行讲明，在必要时也可以边讲边做，使受训者对装备器材有一个总体的认识。②示范演示，指示范人员对训练内容中使用的程序、操作动作等进行示范和演示的过程，通常可分为分解示范演示、连贯示范演示和综合示范演示。分解示范演示是按照顺序将内容分解成若干个内容或动作逐个进行示范演示，连贯示范演示是对完整内容进行示范演示，综合示范演示是指利用多种方法和手段对训练内容进行的系统演示。③操作练习，指受训者按照要求进行实际操作的训练，通常可按照模仿练习、体会练习、编组练习和集体练习的步骤循序渐进地进行。④检查验收，指组训者对受训者的训练效果进行检查和考评，是组训者掌握训练进度和效果，查找不足的重要手段。⑤小节讲评，指组训者对训练情况进行回顾，并就受训者的训练表现和考评结果进行分析总结。

（3）专项训练。专项训练是建立在通用基础学习和基本技能训练之上，专门针对重难点进行的训练。应急救援侦测的专项训练可以按照信息处理过程进行分类，例如灾情信息获取专项训练、灾情信息传输专项训练和灾情信息处理专项训练等。

专项训练是将具有相同应对力量和相同保障功能的训练对象归类整合在一起，通过某一行动的演练形式使其内部聚合，形成一个相对独立的系统和行动进行训练，通常按照宣布情况、组织训练和训练结束的步骤实施。①宣布情况。在人员到位、场地和物资器材准备完毕后，由指导机构宣布训练作业提要，包括科目、目的、条件、内容、方法、时间、地点和要求等，通常以口述、网上或直接发送文字材料等形式宣布。②组织训练。训练以分段演练和综合演练的形式逐步开展，前者是对重难点进行反复训练，后者是进行连贯演练。在训练过程中，指导机构适时向受训者发放补充作业条件或以情况显示的方式诱导训练顺利实施。③训练结束。训练结束后，指导机构发布训练结束信号，并对训练情况进行总结讲评，训练人员撤出训练场地，并完成场地的清理与器材装备设施的规整等工作。

（4）联合演习。应急救援侦测联合演习是在联合应对的背景下，按照不同的课题内容进行集中训练和演练，其目的是提高军地各侦测力量的综合应对能力，所以在联合演习中应当紧紧围绕应对任务时所面临的重难点。联合演习的内容包括：地震救援侦测、洪水救援侦测、地质灾害救援侦测等。

联合演习是生成、提高和检验战斗力的最高形式，涉及的单位与人员众多、演习内容广、持续时间长、要求标准高，通常由参演单位的上一级或上两级进行组织。联合演习通常采取以少带多的形式实施，但应做到指挥机构完整，演习实施中做到昼夜连续实施。①组织行动阶段。导调人员分别以演习力量上级或友邻的身份，用通报、预先号令、命令、指示等多种形式，按行动时间的先后顺序发展变化，逐次为演习各指挥员了解任务、判断情况、定下决心提供条件。②行动实施阶段。在指挥员的决心能使演习进行下去的情况下，导演、调理员对演习中的行动不直接进行干预，只是根据态势发展，适时以作业条件或情况显示进行诱导。③演习结束。演习结束信号发出后，演习结束，参演人员按照命令撤离演习场地，组织场地的清理和装器具的归整工作，并做好演习总结工作。

第6章
应急救援侦测实施

应急救援侦测是应急救援的一项基础保障性工作，同时也是应急救援过程中的一项全时性的工作，涉及的内容和技术方法多种多样，加之其对时效性和准确性的要求极高，导致侦测工作繁杂，在实施过程中容易出现忙乱的现象。为合理利用资源、保障侦测工作顺利有序地进行，提高工作效率，必须认清应急救援侦测的程序，理清侦测阶段性工作重点，总结侦测的一般规律。

6.1　侦测的程序

通过日常的侦测工作，一旦发现灾情，侦测组通常按照"应急响应、受领任务、制订计划、组织机动、实施侦测、信息处理、灾情上报、转移撤离、情况总结"的流程组织实施侦测，见图 6.1－1。

1. 应急响应

接上级启动应急响应命令后，立即通知所属人员归队，各组员按侦测方案和职责分工，迅速提取、检查、保养各类仪器装备，及时收集整理任务方向相关信息，分析、讨论、制订侦测方案，做好前出各项准备。

2. 受领任务

由组长受领前出侦测任务，了解上级意图、本级任务、行动时间和友邻侦测队伍情况。

3. 制订计划

根据任务性质，组织侦测人员研究制订侦测计划，主要包括力量编成、任务区分、明确责任、行动原则、机动路线和有关保障等内容。

4. 组织机动

在规定时间内，携带相关仪器设备及个人防护用具，按既定路线迅速机动。机动过程中收集道路交通相关信息，迅速传输至基（前）指，为后续救援力量的开进提供详细情报。

5. 实施侦测

到达预定位置后，依据分工展开侦测。组长，参加地方联指会议，受领任

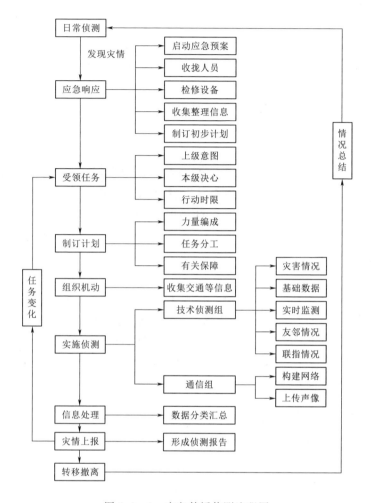

图 6.1-1　应急救援侦测流程图

务，了解受灾情况。通信组，依托卫星、微波系统构建通信网络，根据需求做好各环节的信息、通信传输保障，及时收集灾区现场影像素材，依托各类决策系统，形成有效、立体、直观的情报。其他人员，根据现场情况完善侦测计划及方案，通过观察侦测、调查询问、技术侦测等方法，实时对现场情况进行情报收集，并做好请示汇报，同时根据上级或基（前）指反馈的信息，做好局部补充侦测、重点部位加强侦测及抢险过程实时侦测等任务。

6. 信息处理

侦测高层根据现场侦测获取的情报信息，按照情报重要性、准确程度及信息类别进行汇总、分类、筛选、分析、处理、分送，结合基础数据库，采用专业手段对相关数据进行初步处理。

7. 灾情上报

依据初步处理情报，拟制侦测情况报告，经组长批准后，由通信人员采取定向推送、按级分发、网络共享等方式，安全高效地上报上级或基（前）指。

8. 转移撤离

根据上级指示，完成侦测任务或发生重大情况变化时，快速、安全地转移或撤离。

9. 情况总结

侦测组完成任务后，按照上级或基（前）指命令，清点人员、装备，按照指定路线撤离。归营后1～2天内召开总结会议，总结任务过程中的经验和不足，拟写总结报告，移交归档侦测资料，并对装备进行检查、保养、维修。

6.2 侦测实施的不同阶段

应急救援侦测包括日常的侦测工作和实施救援过程中的侦测工作。

按照应急救援行动的程序与内容，实施应急救援的过程还可以划分为启动应急响应阶段、组织力量投送阶段、现场救援准备阶段、指挥救援行动阶段和组织力量撤离阶段。由于受时间的限制和任务需求的影响，侦测工作在应急救援行动各阶段中的任务侧重点也有所不同。

所以，应急救援侦测工作是由日常侦测、启动应急响应、组织力量投送、现场救援准备、指挥救援行动和组织力量撤离六个阶段所构成的闭合工作回路，见图6.2-1。

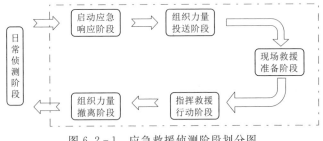

图 6.2-1　应急救援侦测阶段划分图

6.2.1 日常侦测阶段

日常侦测是指在平时所进行的经常性侦测工作，它既是整个侦测工作的基础，同时也是整个侦测工作的保障。

日常侦测阶段中的主要工作如下：

（1）利用应用平台中地质、气象、水文等相关部门机构的灾害监测预报系统，实时监测灾害信息，确保能够在第一时间探知灾情发生的时间和位置。就目前来说，救援队伍获取灾情信息的主要来源，多是由于接到救援请求。从险情发生到发出救援请求再到救援队伍做出反应，中间过程复杂，耗时耗力，严重影响后续救援任务的顺利开展，极大地增加了救援难度。通过专网接入地方应急办、防汛抗旱指挥部、地震局等相关部门，建立信息共享机制，实现信息资源共享共用，可以使得救援队伍第一时间获得险情信息，化被动为主动，掌握救援主动权。

（2）获取有关基础数据，完善基础数据库。基础数据是指在"七情"中，固定不变、变化周期较长、受灾害影响不大或者其变化对救援决策影响不大的数据。例如设计水位、校核水位、设计库容、校核库容、集雨面积、水位流量曲线等静态基本水情数据，静态基本工情数据，静态险情基本数据，环情数据、我情数据、社情数据和市情数据等，这类数据往往是由区域内的经济文化与设施的本质属性所决定的，在一段时间内是基本不会改变的。基础数据库的建立，其目的是掌握基础资料，做到预有准备，为抢险救援节省时间，提高救援效率。我国对于水文气象、地理信息、基础设施、人文信息等信息数据已经有了较为严密的搜集存储更新机制。例如，国家或地方水文气象中心、地震局等部门拥有全国的水文气象、地震等历史资料以及以往灾情案例，国土资源与民政部门拥有区域内的地理、人文、土地利用情况等信息资料，等等。所以说，绝大部分的基础数据都可以通过与军地各部门协调共建的方式获得，而一些其他较为匮乏的数据资料则需要通过实地走访的方式进行补充。获取的基础数据一般是以手动录入和外部链接的方式融入基础数据库。

6.2.2　启动应急响应阶段

应急响应是指突发事件发生后，国家根据突发事件等级开设相应级别应急救援机构的行动。根据国家确定的特别重大、重大、较大和一般四级突发事件分级标准，相应建立一级、二级、三级、四级响应机制。

启动应急响应阶段的侦测工作如下：

（1）接上级启动应急响应命令后，立即收拢、调整人员，完成侦测组织机构的建立和装备器材的检查与提取。

成立基指侦测组和前指侦测组，基层的现场侦测人员由前指侦测组指挥开展工作。各组按垂直指挥关系实施指挥。基指侦测组由侦测组长、通信人员和专业工程师组成；前指侦测组由侦测副组长带领通信人员、专业工程师、专职安全员、侦测助理、测量人员和侦测员组成。基层侦测人员前出至现场后隶属于本单位前指侦测组。

侦测人员一般携带望远镜、照相机、摄像机、超短波手持台、卫星电话、短波电台、卫星背负站、保密电话、系留飞艇、野战综合数字交换机、无线图传系统、边坡变形安全监测系统、无人机三维成像系统、六旋翼无人侦测机、GPS 测量仪、GPS 定位导航仪、全站仪、小型地质钻机、雷达检测仪、红外侦察仪、生命检测仪等。

（2）根据指示，及时获取和掌握第一手资料。迅速调取基础数据信息库，提取我部现有人员、装备的分布与能力状况，以及目标区域的基础地形、社会状况与流域信息等基础信息。同时，利用电话、网络等方式搜集灾害所处区域的水文、气象、地震、地质地貌等数据库内缺少的基础信息，并根据险情类别，积极与地震、洪水等监测部门和灾害所在区域的应急办、防灾减灾部门取得联系，掌握灾情现状和可能的发展态势。及时将以上信息汇总后上报上级，以辅助决策层果断定下救援决心。

（3）受领任务，并制定侦测计划。由组长受领前出侦测任务，了解上级意图、本级任务、行动时间和友邻侦测队伍情况。组长受领任务后，立即将任务的内容传达至侦测人员，并根据受领的任务，组织侦测人员研究制订侦测计划，主要包括力量编成、任务区分、明确责任、行动原则、机动方法和有关保障等内容。

6.2.3　组织力量投送阶段

组织应急救援力量投送，确保救援人员投送、救援装备投送、救援物资投送等力量及时到位，是应急救援行动的先决条件。

在组织力量投送阶段，侦测组作为先遣组，一般在领导碰头会后，先于前指出动。

（1）根据机动投送方式的不同，做好后续部队机动的保障工作。按照投送距离的远近，投送方式通常分为汽车、火车和飞机三种。若救援队伍采用汽车进行投送，侦测组在力量投送前先于救援队伍向灾害地区机动，机动途中完成行进路线勘探、大小休息点的选定、机动途中保障单位的联系。若救援队伍采用火车或者飞机进行投送，侦测组在力量投送前先于救援队伍向灾害地区机动，途中就车辆（航空）班次、座位、时间等问题与铁路、航空部门进行沟通协商，并在终点站做好接站、换乘等保障工作，换乘汽车投送方式后，完成行进路线勘探、大小休息点的选定、机动途中保障单位的联系等工作。

（2）机动过程中，保持信息侦测工作。机动过程中，继续搜索基础数据信息库，对目标区域的水文、基础地形、社会状况、流域信息和目标参数等七情数据进行搜集整理完善。同时，继续保持与地震、洪水等监测部门和灾害所在区域的应急办、防灾减灾等部门的联系，掌握灾情现状和发展态势，并及时将信息动态上报。

（3）到达灾区后，与联指对接，受领任务，协调保障事宜，选定前指和救援队伍露营的开设位置，及时向基指报告情况。

6.2.4 现场救援准备阶段

现场救援准备是救援力量在实施现场救援前所进行的准备工作，包括听取有关机构和受灾群众对救援现场的情况介绍，组织对救援现场进行仔细调查，掌握救援现场实情，明确具体任务，确定实施方案以及协同关系等。

由于侦测组先于救援力量到达现场，为有效利用时间，提高救援效率，侦测组到达现场后，应迅速组织人员开展侦测工作。

（1）专业技术人员要结合基础数据库，加强与当地水利、水文、地质、地震、防汛等部门联系，并进入灾害现场，重点收集掌握处置对象和周边环境的相关数据信息。

（2）专职安全员对任务区域危险点和危险源进行判别、标识，对安全风险进行评估，确定紧急避险场所，规划紧急避险路线。

（3）通信方面做到了解受灾地区通信、电力网络覆盖和受损情况，掌握地方联指通信保障手段，与基指建立传输通道。

（4）测量人员对处置对象进行测量监测。主要包括对目标建筑（构筑）物的基本参数（大小、材质、组成等）和运行状态、水位、流量、地形、地质等参数进行测量、检测和监测。

（5）宣传人员要掌握任务区域和周边的设备物资、油料、给养、料源等物资材料的供给能力，了解当地社情、民情、受灾情况和灾害可能造成的损失以及对外宣传报道的要求等。

各现场侦测人员要及时将获取的信息传送至前指，前指侦测人员将数据信息汇总、分析处理后形成侦测报告上报救援行动的指挥决策层。

6.2.5 指挥救援行动阶段

指挥救援行动阶段是救援工作实质性展开的阶段，在此阶段中，救援侦测队伍持续加强对现场的侦测（侦测内容包含现场救援准备阶段的所有侦测内容），并及时掌握救援现场的动态和救援进展以及救援人员伤亡和救援油料装备损耗等情况，重点对次生、衍生灾害进行监测预警，加强现场安全监测，不间断向前指提供最新侦测数据。

6.2.6 组织力量撤离阶段

完成任务后，侦测组部分人员先于队伍向营区机动，机动途中完成行进路线勘探，大小休息点选定、机动途中保障单位联系方式等。组长带领 1～2 名侦测人员对处置目标进行继续监测，待情况稳定后自行返回营区。

6.3 案例分析

以上阐述了应急救援侦测在实施过程中的程序和不同侦测阶段的任务，但不同险情在实施侦测过程中的重点和内容应当根据实际需要进行合理调整，并不是千篇一律。下面以唱凯堤决口封堵和红石岩堰塞湖处置为例，具体分析针对不同险情在实施侦测时应当重点把握的问题。

6.3.1 唱凯堤决口封堵

6.3.1.1 基本情况

唱凯堤位于江西省抚州市抚河中游右岸，圩堤总长 81.8km，为一封闭圩区，保护区域面积 100.65km²、耕地面积 12.29 万亩、人口 14.43 万人。圩堤途经抚州市临川区湖南、罗湖、唱凯、罗针、云山五个乡镇。堤内有福银（福州至银川）高速公路、316 国道、213 省道通过。该圩堤是抚州市唯一保护耕地护面积 10 万亩以上的重点堤防工程。

唱凯堤处于抚河冲积平原上，圩区地势较为平坦，主要出露第四系全新统人工堆积层、冲积层和白垩系上统地层，堤内总库容为 2.96 亿 m³，顶高程为 38.54m，堤高 5.5m，顶宽 10m，上游边坡坡比为 1∶1.25，下游边坡坡比为 1∶1.76，堤身填土为粉细砂，堤基为中粗砂～砂砾石透水地基，堤身填土主要为含砂低液限黏土、低液限黏土、粉（黏）土及级配不良细中砂，填筑质量较差，堤身防渗性能差。

2010 年 6 月下旬，江西省遭遇了 50 年一遇的洪涝灾害，21 日 18 时 30 分，受强降雨影响，江西抚州市临川区唱凯堤福银高速与抚河交汇上游堤段，即唱凯堤灵山何家段（抚河右岸桩号 33＋000.0 处）发生决口，决口初始宽度约 60m，22 日决口宽度发展至 348.0m，导致罗针、罗湖、唱凯、云山大片房屋被淹、农田被毁，淹没水深 2.5～4.0m，近 10 万受灾群众被迫离开家园，造成严重的经济损失和巨大的社会影响，情况十分危急。

2010 年 6 月 21 日 19 时 20 分，武警水电部队受命承担唱凯堤决口封堵应急抢险任务，24 日 8 时堤防决口封堵正式开始，30 日 8 时决口合龙，7 月 2 日 8 时防渗闭气完成。此次封堵过程历时八昼夜提前三天完成任务，使 10 多万灾区群众能提前返回家园，灾区能提前进入灾后重建新阶段，对于稳定社会、抚慰百姓、提升政府公信力有十分重大意义。

6.3.1.2 侦测过程分析

1. 日常侦测阶段

早在入汛前，江西省委、省政府就根据天气预报分析，明确指出要做好防大汛、抗大洪、救大灾的准备，全省各级防汛机构 3 月底前全部调整到位，加强了对水库巡查及山洪地质灾害防御。各级防汛机构对所属区域内的水文、地质、地形地貌、重点设施等基础资料进行了收集与整理，并建立了严格的险情上报与防汛责任体系。

2010 年 6 月 21 日 18 时 30 分，唱凯堤发生决口险情之后，江西省防总在第一时间就收到了险情报告，迅速锁定了决口区域位置，掌握了险情的基本情况与灾害情况，并及时向省武警、消防、武警水电、公安民警、预备役以及附近军区等多个救援力量提出救援的请求，从而确保了受灾群众能够及时得到解救和安置。

2. 启动应急响应阶段

2010 年 6 月 21 日 19 时 20 分，武警水电部队接到江西省防汛抗旱指挥部《关于派员紧急驰援抚州唱凯堤抢险救援的函》后，迅速启动应急响应机制，召开作战会议，主要根据初步获取的信息和省防总提供的信息围绕以下几个方面进行研究分析：

（1）结合省防总提供的灾情信息、地形图、区域基本概况、工程概况以及水文等资料信息，通报分析灾情，明确了任务重点。

（2）结合所属部队人员、装备、物资器材、专业能力以及决口封堵处置经历等信息资料，决定由刚刚完成鹰潭市余江区中潢圩堤抢险任务的 170 名具有堤防抢险经验的官兵参与前期处置，并抽组曾参加三峡、万安等大型电站截流的精干力量成立专家技术组，随前指人员赶往一线，加强技术指导。

（3）结合江西省道路交通图以及其他客观因素，初步制订了兵力投送方案。

3. 组织力量投送阶段

兵力投送方案确定后，部队首先派出先遣组提前出发赶往灾区。先遣组按照兵力投送方案开进，观察汇报沿途道路、交通状况，为后续部队选择合适的临时休息点，并与交通部门取得联系，说明情况后取得先期放行权，为后续部队的有序开进提供便利。在此过程中，由于连日暴雨与堤坝决堤的影响，灾区部分道路难以通行，先遣组通过向当地居民询问了解，获取其他道路信息，及时调整开进路线，并将情况告知后续部队。

4. 现场救援准备阶段

先遣组到达指定区域，与当地政府协商好部队宿营地后，立即明确分工，进行现地勘测，分头收集相关信息资料，保障前指定下决心。①询问灾区负责人及相关人员，掌握堤坝的基本情况和抚河流域内的水利设施情况，了解灾区状况、险情的现状以及可能发展的态势。②现地实时观测，采用测量、遥感、地质勘测等技术手段搜集水文、地形、地貌、地质等信息。定期施测决口龙口宽度、水位、水深、流速和流量等，绘制龙口纵、横断面图；在现场附近设置雨量计进行雨量观测，并据此进行现场气象预测；指定专人与当地气象部门联系，定期进行中短期雨量、水位和流量预报；勘查决口上下游河势变化情况，分析龙口水位、流量发展趋势。③实地走访周边群众和地方单位，搜集当地社情、历史灾情、气候规律、道路交通和装备物资分布等情况。④与驻地部队协商，调用卫星保障车，及时将现场情况实时传回基指，实现基指与前指互动指挥，使用数字集群构建连接上下、横贯友邻、全面覆盖的指挥通信网络，确保对部队实施不间断地指挥控制。

现场的勘测在此次抢险行动中发挥出了强有力的支撑保障作用，主要体现在制定决口封堵方案和降低抢险难度两个方面。

（1）制定封堵方案方面。

1）封堵时间选择。一般来说，堤防一旦决口，要采取一切必要措施，减少灾害损失，缩小淹没范围。同时，要抓紧时机，利用上游水库或分洪工程消减洪水，尽快抢堵合龙，此为封堵决口首先采取的上策。万一因客观条件限制，不能当即堵口合龙，可考虑安排在洪水降落到下次洪水到来之前封堵。选择恰当的封堵时机，将有利于顺利地实现封堵复堤，减少决口灾害的损失。通常，根据龙口发展变化趋势、一段时间内的上游来水情况及天气情况、洪水淹没区的社会经济发展情况、堤防决口封堵料物的准备情况、施工人员组织情况、施工场地和施工设备等来决定封堵时机。6 月 22 日，国内相关资深水利专家赶赴唱凯堤决口现场进行详细勘察，并根据已获取的上游来水情况、流域天气状况、现场交通条件，物料采集情况，确定决口封堵开始时间为 6 月 25 日，因为此时抚河水位呈下降趋势，降雨量减小，适宜封堵决口。

2）封堵轴线选择。堵口堤线的选定，关系堵口的成败，必须慎重地调查研究比较。对部分分流的决口，在河道宽阔并具有一定滩地的情况下，或堤防背水侧较为开阔且地势较高的情况下，可选择"月弧"形堤线，以有效增大过流面积，从而降低流速，减少封堵施工的困难。若决口较小，过流量不大，龙口土质较好，则可按原堤线进行堵口。若河道过窄，水流靠近堤身，临河不易前进封堵，则可从原堤的背河侧进行封堵，但由于堤身内圈易兜水，不易防守，一般不采用。若决口是全河夺流，即原河道断流，则应先选定分流渠的路线，为水流寻找出路，然后根据河势、地形与河床土质选择堵口堤线，堤线与分流渠河头的距离以 350～500m 为宜。堤线尽可能选在老崖头和深水的地方，有一岸靠老崖也可；若两岸均系新淤嫩滩，则就原堤进堵，堤线选在龙口跌坎的上游。经现地勘测发现，本次唱凯堤决口为部分分流，河道宽度大，封堵施工时由于流域降雨量将减少、抚河水位降低、决口过流量不大，适于选择按原堤线进行封堵。

3）封堵施工方法选择。决口封堵的方法主要有立堵、平堵和混合堵三种方式。根据决口处的地形、地质、水位流量及料物采集和现场交通等情况综合考虑选定。其中，立堵是指从龙口的两端或一端，沿拟定的堵口堤轴线向水中进占，逐渐缩窄龙口，最后将所留缺口（龙门口）抢堵合龙。采用立堵法，最困难的是实现合龙。这时，决口处水头差大，流速高，使抛投物料难以到位。在这样的情况下，要做好施工组织，采用巨型块石笼抛入决口，以实现合龙。根据现场条件和快速封堵决口的原则，唱凯堤决口封堵适于选择单戗双向机械化立堵方法，封堵材料使用的石渣、块石料、大块石可在距现场 20km 的石料场开采；钢筋石笼及铅丝石笼可在钢筋厂制作，载重运输车运至石料场进行填装石料后码放整齐；黏土可在距现场约 1.5km 的土料场开采。

（2）降低抢险难度方面。

1）抢通抢修道路。通过询问和实地勘测了解到当地福银高速公路至唱凯堤堤头相距不远，而且上游 316 国道田椴村入口有直通唱凯堤的公路。经过反复推敲协调，联指最终决定在福银高速胡背张家村处打开入口，修建一条长 450m 的匝道，与唱凯堤桩号 33+900 处相接，并填筑加固下游道路 800m。另外，从 316 国道田椴村入口至唱凯堤桩号 27+900 处，抢通决口上游道路 10km，这样就使得双向立堵成为可能，大大提高了决口封堵的速度。

2）利用上游水库调蓄削减流量。水利调度降低原河床来水流量，或创造良好的分流条件降低决口流量，则决口的上游水位和落差一般都会下降，这是降低难度、加速封堵的最有效技术手段。通过水利部门了解到唱凯堤上游建有一座名为廖坊的水库，可以作为调蓄的可利用资源，尽量削减下游洪峰流量。2010 年 6 月 25 日，上游廖坊水库下泄 5000m³/s，龙口处水位抬高至高程 34m，石渣堤填筑高程抬高至高程 35m；26 日降到 3500 m³/s 左右，龙口处水位下降近 2.3m，达到了降低决口处上游水深以及上下游最大水位差，为快速封堵创造了最为有利的条件。

5. 指挥救援行动阶段

在救援行动阶段中，信息侦测的任务主要是观测抢险形势的变化，保障抢险顺利进行。

（1）继续定期施测决口龙口宽度、水位、水深、流速和流量等，绘制龙口纵、横断面图，施测频次根据现场情况 1~2 次/4h 不等，堵口前期采用低频次，堵口后期至合龙阶段采用高频次；继续关注雨水情变化和河流水势变化等。

（2）随时关注人员装备的投入使用情况。由于抢险行动是超常规施工作战，为确保抢险快速高效，在允许的条件下，人员、装备、物资和油料等都必须高额配置，武警水电部队在抢险过程中先后增加兵力 471 人，装备 238 台。此外，经与江西省政府协商，除调集临川区所有工程车辆、抚州市 200 多辆社会工程车辆外，还从省内就近调集有关工程车及驾驶员。

（3）探查附近可利用的填筑料源。唱凯堤决口封堵填筑料总用量 70000m³，由于初始阶段没有现成的料源，在迅速探明附近料场的情况后，经过与当地政府协调，第二天就启用了附近的土料场。对大粒径抛料，就在现场组织制备了近 2000 个钢筋笼、铅丝笼，解决大粒径堵截体问题，以确保快速封堵成功。当地没有石渣料源储备，经过勘查发现，附近拥有多个民用块石料场，但其开采规模都比较小，单个料场无法满足抢险需要，所以就采用军民联合作战方式，在方圆 50km 范围的石料厂进行分散制备并运输到现场，解决约 5 万 m³ 石渣料。采用后台供应能力大于决口封堵现场能力的策略，以缩短进入现场运距，实现堤线上最大输送能力。正是由于对这些料源供给地的了解和及时投入使用，才确保了唱凯堤决口封堵的成功。

6. 组织力量撤离阶段

救援任务完成后，救援力量组织撤离返营，侦测工作分为两个部分。一部分人员随先遣组返回营地，观察返营路线的道路交通状况，寻找适宜的大小休息点及车辆装备油水供给点，并与交通部门协调，做好交通保障；另一部分人员留守抢险区域，继续观测区域的雨水情及堤坝运行状况。

此外，由地方政府做好防疫、群众安置和灾后重建等工作，留守人员与地方政府保持时刻联系，防止群体性事件的发生。

6.3.2 红石岩堰塞湖处置

6.3.2.1 基本情况

2014 年 8 月 3 日 16 时 30 分，云南省鲁甸县发生 6.5 级地震，地震造成重大的人员伤亡，对人民生命财产和基础设施造成巨大的破坏。地震发生后，习近平总书记高度重视，立即作出重要指示。李克强总理于 8 月 4 日代表党中央、国务院赶赴灾区察看灾情，现场指挥抗震救灾工作。云南省委、省政府及时作出抗震救灾的具体部署。8 月 3 日 17 点 40 分，市防办接到昭阳区水利局情况报告，在鲁甸县火德红乡李家山村和巧家县包谷垴乡红石岩村交界的牛栏江干流上，因地震造成两岸山体塌方形成堰塞湖。

红石岩堰塞湖堆积体高 83～96m，垂直河道方向迎水面长 286m、背水面长 78m，顺河方向宽度 753m，堰塞体总方量约 1200 万 m³。堰塞湖集水面积 11832km²，水位达到堆积体顶高程 1216.00m 时库容将达到 2.6 亿 m³，上游回水长度 25km，水面 7.1km²，影响人口 0.9 万人、淹没耕地 8500 亩。堰塞湖下游两岸分布有鲁甸县 4 个乡镇、巧家县 5 个乡镇、昭阳区 1 个乡镇，涉及 3 万余人，3.3 万亩耕地。水量如此巨大的堰塞湖对上下游人民生命、财产造成严重威胁。当时牛栏江处于主汛期，余震不断，暴雨频发，入库流量大，堰塞湖水位上升快。如遇强降雨，堰塞湖内水位将迅速上升，对上游堰塞湖内部分居民和小岩头电站造成淹没，加剧库区地质灾害的发生。同时堰塞湖溃决风险日益增加，一旦溃决，将形成溃坝洪水，对下游沿岸人民生命财产造成的危害难以估量，并直接威胁着下游天花板、黄角树等水电站安全，极易引发灾害链，故堰塞湖排险处置迫在眉睫。

8 月 7—12 日，经过 6 个昼夜的不间断作业，武警水电部队成功在堰塞体顶部打通一条底宽 5m，深 8m 的泄流槽，降低水位，减少了库容，之后利用工程减流的机理，解决了红石岩堰塞湖带来的安全隐患。

6.3.2.2 侦测过程分析

1. 日常侦测阶段

2014 年 8 月 3 日 16 时 30 分，云南鲁甸发生 6.5 级地震，昭阳区水利局当即命令所属单位和人员加强对区域内的水情及水利设施情况进行调查与监测，下午 5 时 40 分，获知红石岩堰塞湖的险情，立即上报市防办，全程用时约 70min。

2. 启动应急响应阶段

昭通市防办接到红石岩堰塞湖险情的报告后，立即启动应急响应机制，将情况上报省防办，同时派出相关部门的专业技术人员，连夜赶赴鲁甸、巧家地震灾区察看灾情。8 月 4 日清晨 8 时许到达火德红李家山村大坪村社，因交通中断步行两小时抵达堰塞体上游。

地震发生后，水电部队积极关注险情态势，收集水文、地质、区域概况等相关信息，并就本部队在地震灾害救援中可能担负的任务，收集物资、装备、人员等信息。例如，在接到正式抢险命令之前，观音岩项目部在接到有可能去地震灾区处理堰塞湖的通知后，及时联系昭通市当地的朋友，请其帮助联系反铲和推土机等抢险设备，当人员到达昭通市后，所有设备都已装车完毕，为救援部队及时进入灾区进行道路抢修赢得了宝贵时间。

3. 组织力量投送阶段

部队派出先遣组提前赶往灾区，对交通道路情况、灾情现状及救援进展进行勘察。经过勘察发现，由于受地震影响，昭巧路鲁甸至天生桥段道路塌方严重，尤其是天生桥附近 2km 公路从地震发生到 5 日仍未抢通；下游昭巧路天生桥距堰塞湖约 6km 公路，局部路段塌方形成断崖，交通恢复十分困难，联指商讨后决定，装备设施利用浮船从上游运往堰塞体，平时人员的通往通过水路使用冲锋舟来往于堰塞体和上游临时码头。侦测人员第一时间将此情况反映给前指，前指立即命令部队已经装车准备运往下游的设备向上游火德红乡开进，利用浮船将 PC360 反铲运送到堰塞体上游,实现了首台大型装备上堰顶的目标,为部队遂行上游侧泄流槽开挖奠定了的基础。

4. 现场救援准备阶段

根据国家防总的要求,按照省委省政府指示,2014 年 8 月 4 日下午,云南省水利厅、省发展改革委、省能源局、省移民局主要领导与相关部门领导、专家赶赴堰塞湖上游区域调查,并在鲁甸县火德红乡主持召开工作部署会。

(1) 流域与两岸边坡监测。

1) 询问了解堰塞湖下游的建筑及居民等方面的情况,为方案制订与组织民众撤离做参考。

2) 利用电话询问和实地调查与观测等方式获取堰塞湖流域概况、上下游水库的运行情况及动态监测堰塞湖水位,为水文监测站点的选取提供了参考依据。

3) 利用无人机搭载三维扫描仪获取堰塞湖周边的地形地貌资料和平面图(见图 6.3 - 1)。一方面用于寻找具有崩塌滑坡危险的山体,做到及时处理,防止因此造成堰塞湖水位突涨,进而威胁到抢险安全;另一方面为后续施工布置提供直观的资料依据。

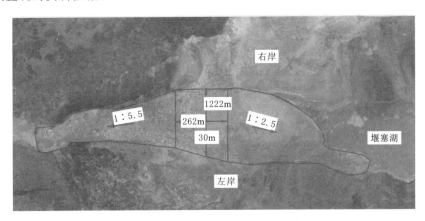

图 6.3 - 1　红石岩堰塞体平面图

4) 加强堰塞体以及上游两岸边坡的变形监测。对新增的裂缝、塌滑体,及时向指挥部报警,紧急避险,确保安全;对地质危险点布置有地质灾害监测手段,监测发现堰塞湖库区有 11 个滑坡、7 个崩堆积体、14 处不稳定斜坡及 4 条泥石流沟。

(2) 水文气象监测。为满足堰塞湖抢险的需要,联指联系协调了中央气象台、云南省气象台和昭通市气象台每日报送堰塞湖及周边气象情况,尤其是上游的降雨情况,并组织了云南省水文水资源方面的技术人员,在现场架设了水位、雨量、流量等观测设施,及时准确掌握雨水情。

为实时观测堰塞湖上游来水与水位变化、加强下游沿程防护，在现状查勘基础上，分别于堰塞湖上游 22km 处（大沙店水文站）、堰塞体上游湖区 800m 处、堰塞体下游区（天花板电站库区）、天花板电站下游、小河水文站等地布设 5 个临时水文自动监测站点，配置压力式水位传感器、电源系统、卫星通信系统、高清视频摄像头和一体化支架，以及国内优秀的气象水文监测技术人员，用以视频实时监控和水位自动遥测。

（3）堰塞体监测。

1）测量人员架设测量仪器对堰塞体的地形进行现地测量与测量放样等。

2）加强堰塞体渗流、位移、沉降、变形观测，主要做法有巡视检查和架设仪器监测。巡视检查内容包括堰塞体变形和渗流，巡查次数为每天一次，在高水位时增加巡查次数，发现异常情况实行连续监测。仪器监测主要对象为堰塞体变形、裂缝、滑坡、渗流和堰塞体两岸及近坝区边坡的稳定、地下水等。

（4）溃坝洪水分析。为避免因堰塞湖溃坝，导致严重次生灾害的发生，昭通市水利水电勘测设计研究院、昭通市水文水资源局立即成立技术组，启动堰塞湖基本情况及溃坝洪水的分析工作。通过现场踏勘和查阅相关资料，在基本了解堰塞湖所在区域的地形、地质及堰塞湖上下游已建水利水电工程等影响区的情况下，进行了堰塞体现状及溃坝洪水的分析，为堰塞湖处置工作提供相关基础数据。

（5）地震灾情监测。时刻与地震监测部门联系，并现地架设地震监测仪器，时刻关注险情变化，避免二次灾害事故的发生。

5. 指挥救援行动阶段

（1）监测工作。持续开展对水文气象、堰塞体、边坡、流域情况及地震信息等方面的监测，掌握实时动态信息。

（2）人装物的工作情况。对人员、装备、物资的投入使用情况进行实时跟踪，随时加以补充，使之处于最优配置。例如，在泄流槽开挖的前期，只投入了一台斗容量为 1.8m³ 的 PC360 大型反铲，其余反铲均为小型反铲，效率很低，很多大块石无法直接挖除，如果不增加大型反铲，可能无法在规定的时间内完成开挖任务。现场指挥人员及时与上级领导沟通协调，在征得上级领导同意后，立即增加了两台斗容量为 1.8m³ 的徐工 370 反铲，两台大型反铲于 11 日上午到达开挖工作面，为 12 日下午 5 时提前完成泄流槽开挖做出了重大贡献。

（3）安全隐患侦测工作。为了防止安全事故的发生，针对本次抢险任务，专门成立了由经验丰富、专职安全员组成的 25 人的安全管理小组，组长由部队副总工程师担任。经过现场排查，堰塞湖抢险现场共有三个重大危险源，分别是右岸边坡滚石或滑坡、爆破和水上运输，前指结合实际，制定了相应的预防措施。

6. 组织力量撤离阶段

抢险任务结束后，救援力量组织返营，先遣组做好沿途交通道路的侦测工作。当地政府继续派遣侦测人员持续对堰塞湖进行监测，为后续整治工作提供信息支撑。

第 7 章
侦测作业中的安全防护

由于侦测工作（尤其是现地侦测工作）处于应急救援最前线，并且各种保障设施设备都极为缺乏，侦测中的人装所面临的安全威胁时刻存在，这就对侦测中的安全工作提出更高的要求。侦测安全是保障侦测过程安全有效进行的基础，贯穿侦测全过程，应以"预防为主"作为根本思想，采取人防、物防和技防相结合的办法，从人员、设备、环境和制度四个方面着手，确保侦测人装安全的同时顺利完成任务。

7.1 人员安全

在安全事故的致因中，人的因素是最关键的。尤其侦测人员在遂行任务时，脱离于组织之外，置身于复杂环境之中，更加需要其具有较强的安全作业能力，才能确保不出安全事故。人员的安全管控，主要是从人的安全意识、安全知识、安全技能和安全行为四个方面入手，一般采取安全教育培训和不安全行为管控两种方法来完成。

7.1.1 安全教育和安全培训

为确保侦测人员的安全和侦测工作的正常开展，必须对侦测人员进行定期的安全教育和安全培训，条件允许的情况下，还需要根据任务的实际情况，开展任务前的专题安全教育。

7.1.1.1 教育与培训的内容

安全教育和安全培训的内容主要围绕提高侦测人员的安全意识、心理素质、技能素质和救护知识等几个方面来进行。

（1）提高安全意识。根据以往的经验，不难发现，绝大多数的安全事故都是由于人员的思想麻痹、安全意识淡薄而导致的。通过教育与培训，加强人员的思想认识，提高安全意识，才能使安全工作具有主动性。

（2）提高心理素质。侦测人员面对的往往都是复杂恶劣的工作环境，而且随时都处于危险之中，例如地震灾害发生后，余震不断，灾区一片废墟。近距离面对危险、面对死亡的威胁，有的同志可能会产生紧张、慌乱、恐惧等心理反应，有的可能会出现心存侥幸、急功近利、明知故犯、盲目无知等心理状态。这些不健康的心理会影响大脑的正常思维，增加安全事故发生的概率。

（3）提高技能素质。过硬的操作技能和安全技能是侦测人员规避一些不必要的安全事故的有力保障，主要包括装备仪器的使用与操作能力和危险源、危险物的识别与处置能力。

（4）提高救护知识。灾害发生后，现场的救护设施可能已经遭受破坏，侦测人员作为第一批进入灾害现场的人员，只能依靠自救和互救的方式来应对伤病害。

7.1.1.2　教育与培训的方法

安全教育和安全培训的实施不仅要发扬传统有效的模式，更要利用现代化的科学手段，结合实际需求来开展。

（1）建立专业的培训场所。专业的培训场所应当设置相应的硬件设施和软件系统，利用多媒体、网络教学等多种形式，生动、直观、形象地表达教育与培训的内容，主要用于平时定期开展安全教育与培训。专业的培训场所主要包括心理素质训练场和安全培训教室。心理素质训练场的设置应当尽量模拟实际可能遭遇的场景，主要是为了人员熟悉了解作业环境，掌握应对技能和方法，从而提高训练人员的心理素质。安全培训教室包括多媒体培训区、挂图展览区、实践操作区等功能区域。多媒体培训区利用多媒体教材库，提供多媒体教学平台，以供受训人员观看教学演示和考试使用；挂图展览区通过展览事故图片、宣传挂图、宣传标语、现场照片等方式，提高受训人员的安全认识；实践操作区用于提高受训人员的实践操作能力。

（2）战前安全分析和随机教育。战前安全分析和随机教育主要用于任务开始前和任务中，通过简单的交流总结，概括出任务中可能出现的险情和需要注意的事项，形式简单、灵活，对具体任务有很高的针对性。战前安全分析是指分配任务后，侦测组长就任务的特点和目标区域的情况进行简要介绍，组织组员对此次任务的安全注意事项进行阐述，集思广益，可以专门召开，也可边行进边召开。随机教育主要是指到达任务区域后，针对每项具体工作，由小组长提出安全注意事项，组员进行补充，一般要求语言简洁精炼、过程简短。

7.1.2　不安全行为管控

不安全行为管控是指对侦测人员的行为实施管理控制，包括横向行为管控和纵向行为管控。

7.1.2.1　横向行为管控

横向行为管控，即任务分析管控，目的是通过分析作业人员的工作任务，制定行为规范，减少人员不安全行为的发生，主要措施是制定侦测人员安全行为规范手册。

应急救援侦测的环境十分复杂，因此必须全面地分析各侦测任务中各侦测人员的工作特点。虽然，每次任务的侦测任务各不相同、遭遇的情况也不同，但也存在很大程度上的通用性，例如高空作业、临水作业等危险作业和地震、滑坡等恶劣环境的安全注意事项就具有一定的规律特点。通过分析它们的危险因素，制定人员的行为规范，指导侦测人员在实际任务中按照安全行为规范开展工作。

对于一些复杂情况的处置，还需要有针对性地制定专项安全控制措施，提前对侦测人员交代要遵循的规定及要求，保障侦测人员避免不安全行为。

7.1.2.2 纵向行为管控

纵向行为管控，即监督检查管控，目的是通过监督检查制度减少人员的不安全行为的发生。由于侦测环境的影响，现在还很难做到有效监控，目前主要是以电话、视频、对讲机等方式来完成一般监控。侦测人员定时与随时传回现场语音或画面，并汇报工作进度和下一步工作计划，前指人员据此对侦测人员的行为进行判断，指导提醒其相关注意事项，达到减少或防止不安全行为的发生。

7.2 设备安全

设备安全是指消除和避免机器、设备的不安全状态的出现，消除安全隐患，其安全隐患包括两个方面：一方面是设备对人员产生安全隐患，如车辆、舟艇等交通工具，在恶劣环境中极易发生事故，造成人员伤亡；另一方面是设备自身受到损坏而影响遂行任务的开展，如测量、检测等精密仪器易受到损坏而无法正常使用。通常采取安全检查和安全操作的方法来保证设备的安全。

7.2.1 安全检查

平时定期对设备仪器的性能进行检修、维护、保养，并将结果记录在册，便于受领任务时能快速选择所需的性能良好的设备仪器。任务过程中，加强对设备仪器的使用情况和性能的关注，随时了解设备仪器的状况，尤其在恶劣环境中，要注意加强设备仪器的保护，确保人员安全和顺利完成任务。例如雨雪、滑坡、泥石流等情况下，注意观察交通路面情况，防止车辆打滑和碰撞等情况的发生；雨雪、风沙等情况下，加强对精密仪器的保护，防止雨水、粉尘进入仪器内部，影响其正常使用，等等。

7.2.2　安全操作

安全操作是设备仪器的操作和使用人员，要严格按照操作规范和要求对仪器设备进行操作，不可任意为之。设备仪器的使用受到机器本身性能要求的条件以及使用机器时的外界环境条件的限制，机器本身的结构决定了其客观的规律，其操作环境也会因各种因素在时间和空间上受到限制，掌握操作要求和规律并加以利用，才能更好地发挥机器的性能，确保工作的正常开展。

7.3　环境安全

环境安全是指人员采取措施对策来改善、规避或者适应工作所处的危险环境，从而确保所处环境安全可靠，为各项任务目标的顺利实现创造条件，确保环境的安全，其主要的内容包括三个方面的内容：①危险源的辨识与控制；②危险作业的防护；③慎重对外交往。

7.3.1　危险源的辨识与控制

重大危险源申报登记的类型主要有：储藏区（储罐）、库区、生产场所、压力管道、锅炉、压力容器、煤矿、金属非金属地下矿山、尾矿库等。这九类重大危险源可能会出现爆炸、塌陷、有毒有害易燃易爆物质泄漏等情况，危险程度极高。在实际的应急救援侦测中，不仅包含以上九类危险源，地震后的危房、高边坡等特殊区域也属于危险源。

危险源的辨识与控制是全方位、全过程地辨识现场中可能存在的危险源，判明、标识危险源的位置和范围，及时向上级汇报情况。有监测条件的还应对危险源进行不间断监测，没有监测条件的，应当尽量避开危险源开展工作，并制定针对性的应对措施和应急预案，从而达到风险识别与控制的目的。

7.3.2　危险作业的防护

在特殊环境下开展工作或者进行高危作业时，一定要遵守客观规律，配备必要的个人防护用品，做好安全防护措施。常见的危险作业包括极端气候下的作业、高空作业、临水作业和近电作业等。

极端气候下的作业，一般包括在高温、严寒、雷电等环境中开展的工作。根据不同环境，作业人员配备降温、保暖、绝缘手套、绝缘鞋等个人防护用品，做好防中暑、防冻伤、防触电、防雷击等措施。

高空作业时，作业人员配备安全帽、安全绳等防护用品，正确使用母绳，做好双保险措施，严防出现高空坠落的危险。

临水作业时，尽量挑选身体好、水性好的人员参加，配备救生衣等救生器材。如非必要，应尽量避免涉水作业。

近电作业时，作业人员配备防护服、绝缘手套、绝缘鞋等，必须严格按照操作规程进行操作。发现有人触电，应当立即切断电源或者使用绝缘物挑开电线。

7.3.3 谨慎对外交往

在侦测过程中，有时需要向当地人员询问相关情况，或者向当地人员寻求帮助。在对外交往过程中，应当注意充分尊重当地的风俗习惯，注意维护自身组织的形象，避免产生不必要的矛盾和纠纷。若与地方人员发生经济往来，应当本着公平公道的原则，不得以执行任务为由，任意收受或者侵占他人利益。

7.4 安全制度

应急救援侦测过程中，存在的安全威胁隐患多，加之条件艰苦、环境恶劣，对侦测人员的能力素质是一项严重的挑战，必须加强必要的制度管控，规范要求，才能有效应对各种突发状况。

7.4.1 安全预案制度

准确判断灾害现场的危险源、危险点，评估、预判安全风险，拟订侦测行动专项安全方案，明确各项安全措施，严格落实安全技术交底和各项安全措施。

安全预案的内容应满足以下基本要求：

（1）针对性。预案应针对重大危险源、各类可能发生的事故、关键岗位和地点、薄弱环节进行编制，确保其有效性。

（2）科学性。预案的编制必须以科学的态度，在全面调查研究的基础上，实行领导和专家相结合的方式，经过科学分析和论证，使预案具有科学性。

（3）可操作性。预案应充分考虑实际当中的人员、设施和环境等因素的限制，确保在发现危险源或危险点时，有关人员可以按照预案的规定迅速、有序、有效地开展工作，降低事故发生的可能性。

7.4.2 安全预警制度

安全预警制度就是采取一定的措施和方法，通过危险爆发前的征兆提前探知危险的发生，通常采取人工预警、机器预警或者人机结合预警的方式。

（1）人工预警。侦测队伍都必须配置一定数量的安全员，在侦测中从事安全工作。平时，定期组织安全员开展安全知识学习和安全技能训练，确保每名安全员掌握识别危险源和救助他人的能力。开展侦测任务时，条件允许时要确保有专职安全员随行，若条件受限，也须指定人员从事安全工作。若侦测人员数量较多，必须指定一人或多人专职从事安全工作，并制订工作方案；若侦测人员较少，必须指定一人或者轮流兼任安全工作，所有的侦测任务都必须有两人以上进行侦测。专职安全员要全时发挥职能，及时指导侦测人员规避安全风险。严格落实专职安全员安全监护制度，确保侦测行动时全程安全监护，是有效规避安全威胁和减轻伤害损失的有效途径。

（2）机器预警。配备空气压力测量仪、有害气体测量仪、余震测量仪、地质振动测量仪等实时监测设备，确保侦测过程中能提前预警。加强对各类仪器设备进行定期检查保养，确保其处于良好状态，在使用时不发生安全事故。

（3）人机结合预警。即根据安全监测目标的不同，合理选择或者同时采用以上两种方法。

7.4.3 安全演练制度

安全演练制度主要是针对侦测过程中可能出现的危险，对其应对方法和程序进行必要的演练，通常包括紧急避险演练和救护演练。

（1）紧急避险演练。充分模拟实际侦测作业中可能面临的环境和遭遇的安全危险，制订紧急避险方案，明确避险的信号、内容、程序等，通过演练，让人员了解何时避险、怎么避险，强化避险意识。

（2）救护演练。模拟实际侦测作业中人员可能遭受的一般伤害情况，帮助作业人员掌握一般伤害的自救与互救方法，提高救护能力。

参 考 文 献

［1］　卜丰贤. 周秦汉晋时期农业灾害和农业减灾方略研究［D］. 杨凌：西北农林科技大学，2001（4）：89－93.

［2］　曾青石，张像源，陈辉. 基于3S技术的地质灾害野外调查数字采集系统的研究［J］. 水文地质工程地质，2008（1）：121－125.

［3］　陈虹，李蕊，宋富喜，等. 国外突发事件应急救援标准综述［J］. 灾害学，2011，26（3）：133－137.

［4］　陈松生，林伟. 唐家山堰塞湖水文应急监测［J］. 人民长江，2008，39（22）：32－35.

［5］　陈育峰，何建邦. 遥感与地理信息系统一体化技术在重大自然灾害监测与评估中的应用［J］. 自然灾害学报，1995，4（4）：16－22.

［6］　陈运泰. 地震预测：回顾与展望［J］. 中国科学，2009，39（12）：1633－1658.

［7］　程琳，刘金清，张葆华. 中国水文发展历程概述（Ⅱ）［J］. 水文，2011，31（2）：15－19.

［8］　程玉，张兴柱，杨君普. 浅论信息技术的发展历程及主要应用［J］. 电脑知识与技术，2008（19）：19－20.

［9］　崔满丰. 地震信息传播平台综合服务分析［J］. 震灾防御技术，2015，10（2）：361－365.

［10］　邓宏艳，孔纪名，王成华. 不同成因类型堰塞湖的应急处置措施比较［J］. 山地学报，2011，29（4）：505－510.

［11］　樊东方，赵新生，孙发亮. 黄河水位观测技术与实践［J］. 水利技术监督，2005（5）：60－62.

［12］　范中原，孙云志，魏岩峻，等. 水利水电工程地质勘测方法与技术应用综述［J］. 人民长江，2005，36（3）：4－6.

［13］　房纯钢，姚成林，贾永梅. 堤坝隐患及渗漏无损检测技术与仪器［M］. 北京：中国水利水电出版社，2010：177－180.

［14］　冯钟葵，张洪群，王万玉，等. 遥感卫星数据获取与处理关键技术概述［J］. 遥感信息，2008（4）：91－97.

［15］　高建国. 中国因地震造成的水库险情及其防治对策［J］. 防灾减灾工程学报，2003，23（3）：80－90.

［16］　高俊才，常亮. 论风浪险情的判别和抢护［J］. 建筑与预算，2012（4）：53－54.

［17］　高显东，肖明志. 堤防边坡失稳的成因与除险加固［J］. 水利天地，2007（7）：6－9.

［18］　高玉琴，宋万增，宋力. 水闸工程病害产生原因初步分析［J］. 人民黄河，2010，32（12）：211－212.

［19］　龚建华，赵终明. 四川汶川地震应急无人机遥感信息获取与应用［J］. 城市发展研究，2008，15（3）：31－33.

［20］　郭启锋，王佃明，黄磊博，等. 地质灾害监测无线自动化采集传输系统的研究与应用［J］. 探矿工程（岩土钻掘工程），2008，35（7）：9－13.

[21] 韩永温，冯建华．数据无线传输技术在地质灾害监测中的应用［J］．勘查科学技术，2007（5）：43-46.

[22] 韩子夜，薛星桥．地质灾害监测技术现状与发展趋势［J］．中国地质灾害与防治学报，2005，16（3）：138-141.

[23] 郝军刚，胡蕾，伍鹤皋，等．罕遇地震作用下水电站厂房上部结构破坏模式研究［J］．振动与冲击，2016，35（3）：55-60.

[24] 何欣年，李加洪，张宁．洪水灾害快速反应遥感监测系统［J］．遥感技术与应用，1995，10（4）：37-41.

[25] 胡翔．北斗在水文监测系统中的应用［J］．无线电工程，2009，39（10）：62-64.

[26] 胡友健，梁新美，许成功．论 GPS 变形监测技术的现状与发展趋势［J］．测绘科学，2006，31（5）：155-157.

[27] 黄铁青，张琦娟．自然灾害遥感监测与评估研究与应用［J］．遥感技术与应用，1998，13（3）：66-71.

[28] 黄小雪，罗麟，程香菊．遥感技术在灾害监测中的应用［J］．四川环境，2004，23（6）：102-105.

[29] 江淑洁．现代信息技术发展历程及其影响探析［J］．科技展望，2014（12）：33-34.

[30] 蒋伟民，毕红军．五种主流近距离无线技术比较［J］．科技资讯，2007（2）：12-14.

[31] 金鑫，顾燕平，张洁，等．辽宁省水情信息报送及发布技术发展历程与展望［J］．水利信息化，2015（3）：68-72.

[32] 康宏民．遥感测绘技术在测绘工作中的应用研究［J］．科技创新与应用，2012（17）：10.

[33] 雷添杰，李长春，何孝莹．无人机航空遥感系统在灾害应急救援中的应用［J］．自然灾害学报，2011，20（3）：178-182.

[34] 雷学平，李军．提高军地一体抢险救灾信息保障水平的思考［J］．中国商界，2010（9）：52-55.

[35] 李崇虎．水利抢险救灾应急体系建设存在的问题与对策［J］．水利论坛，2009（6）：51-56.

[36] 黎亚生．隧洞病害原因分析及加固处理［J］．人民长江，2005（9）：48-49.

[37] 李斌，宇彤．浅谈堤防漏洞产生原因与抢护措施［J］．地下水，2007，29（6）：106-108.

[38] 李荣知，何毅．小型水库输水涵管常见病害研究［J］．吉林水利，2007（8）：30-31.

[39] 李晓波．4.20 雅安芦山地震对福堂水电站厂房边坡影响的安全监测分析［J］．四川水力发电，2013，32（3）：169-174.

[40] 梁开龙．水下地形测量［M］．北京：测绘出版社，1995：16-17.

[41] 廖椿庭．地质灾害的监测及监测系统［J］．地质力学学报，1999，5（3）：76-82.

[42] 廖永丰，李博，雷宇，等．面向任务的移动灾情快速采集直报技术与应用［J］．地球信息科学学报，2013，15（4）：538-544.

[43] 林祥钦．落实大坝安全策略 防范溢洪道风险［J］．大坝与安全，2009（1）：45-49.

[44] 林祚顶．水文现代化与水文新技术［M］．北京：中国水利水电出版社，2008：20-24.

[45] 林志强，王建华．基于 PDA 的自然灾害移动信息平台［J］．中国减灾，2011（9）：

54 – 55.

[46] 刘建秋，王亚超，韩文庆. 变电站震害分析与抗震措施的研究综述 [J]. 电力建设，2011，32 (7)：44 – 46.

[47] 刘式达，庞炳东. 20 年来我国暴雨洪水监测预报的研究与前景 [J]. 科技导报，1996 (5)：56 – 58.

[48] 刘树东，田俊峰. 水下地形测量技术发展述评 [J]. 水运工程，2008 (1)：11 – 15.

[49] 刘莹，王立军. 论接触冲刷险情的判别和抢护 [J]. 建筑与预算，2012 (4)：57 – 58.

[50] 刘越. 水坝堤防决口原因及堵口施工方法 [J]. 水利科技，2015 (29)：228.

[51] 刘志雨. 我国洪水预报技术研究进展与展望 [J]. 中国防汛抗旱，2009 (5)：13 – 16.

[52] 卢进英，关洪文，田一新. 堤防裂缝成因及抢护处理方案 [J]. 黑龙江水利科技，2013，41 (9)：141 – 142.

[53] 栾艳，赵明阶. 土石坝病害类型及其成因浅析 [J]. 海河水利，2009 (1)：55 – 58.

[54] 马建明，刘昌东，程先云，等. 山洪灾害监测预警系统标准化综述 [J]. 中国防汛抗旱，2014，24 (6)：9 – 11.

[55] 孟凡影. 遥感技术在地质灾害监测中的应用 [J]. 常州工学院学报，2013，26 (6)：13 – 16.

[56] 孟令奎，郭善昕，李爽. 遥感影像水体提取与洪水监测应用综述 [J]. 水利信息化，2012 (3)：18 – 23.

[57] 牛奔，王素芬，郝改云. CS - 3 型流速流量仪研发与应用 [J]. 山东水利，2010 (6)：1 – 2.

[58] 潘海平. 土石坝险情划分及判别方法探讨 [J]. 中国农村水利水电，2103 (9)：100 – 103.

[59] 彭博，关英利. 论跌窝险情的判别和抢护 [J]. 建筑与预算，2012 (4)：99 – 100.

[60] 彭伟，徐磊，徐陵陵. 水利水电工程地质勘测新方法的应用与展望 [J]. 企业导报，2012 (10)：282 – 283.

[61] 彭莹辉，刘立成，叶梦姝，等. 新媒体时代的气象信息传播公共政策 [J]. 阅江学刊，2016 (1)：21 – 25.

[62] 任松，姜德义，蒋再文，等. 三峡库区地质灾害监测技术及展望 [J]. 中国安全科学学报，2006，16 (1)：140 – 144.

[63] 任旭华，刘丽. 水闸病害分析及其防治加固措施 [J]. 水电自动化与大坝监测，2003，27 (6)：49 – 52.

[64] 邵侃. 中国古代农业灾害防减体系研究 [D]. 杨凌：西北农林科技大学，2009：30 – 32.

[65] 申源，陈维锋，郭红梅. 芦山地震应急中多渠道灾情信息支持 [J]. 四川地震，2014 (3)：41 – 42.

[66] 时京林，丁文学，付树卿. 水文自动测报系统研究综述 [J]. 中国西部科技，2009，8 (4)：6 – 8.

[67] 宋庆臣，冉忠明，郭素珍. 浅谈堤防工程管涌险情产生原因及抢护 [J]. 内蒙古水利，2004 (3)：26 – 27.

[68] 宋庆峰，刘洁，路啸. 数字卫星传输系统 [J]. 现代电视技术，2003 (12)：104 – 107.

[69] 苏克博，魏风兰. 关于测量技术在地质灾害监测中的应用分析 [J]. 江西建材，2015

（3）：32 - 38.

[70] 苏文莉, 叶晟. 一种基于无线传感器网络的灾害预警系统设计 [J]. 现代电子技术, 2015, 38 (24)：73 - 75.

[71] 孙小冉, 彭建和, 凌建璋. 混凝土坝病害模式及机理研究 [J]. 安徽建筑, 2015 (6)：166 - 167.

[72] 陶和平, 刘斌涛, 刘淑珍, 等. 遥感在重大自然灾害监测中的应用前景——以 5·12 汶川地震为例 [J]. 山地学报, 2008, 26 (3)：276 - 278.

[73] 田冬成, 王万顺, 孙建会, 等. 水电工程安全监测技术与应用 [M]. 北京：中国水利水电出版社, 2012：51 - 53.

[74] 王润生, 熊盛青, 聂洪峰, 等. 遥感地质勘查技术与应用研究 [J]. 地质学报, 2011, 85 (11)：1699 - 1737.

[75] 王世鼎, 史云, 陈实, 等. 水文地质及灾害监测新仪器介绍 [J]. 水文地质工程地质, 1997 (5)：55 - 57.

[76] 王伟, 张永波, 张礼中, 等. 地下水资源野外数据采集系统的应用 [J]. 水科学与工程技术, 2007 (3)：25 - 27.

[77] 王秀美, 贺跃光, 曾卓乔. 数字化近景摄影测量系统在滑坡监测中的应用 [J]. 测绘通报, 2002 (2)：28 - 30.

[78] 王旭. 军警民融合型应急物资储备体系建设研究 [J]. 经济研究导刊, 2014 (30)：267 - 268.

[79] 文海家, 张永兴, 柳源. 滑坡预报国内外研究动态及发展趋势 [J]. 中国地质灾害与防治学报, 2004, 15 (1)：1 - 2.

[80] 吴大鹏, 周冠男. 论漫溢险情的判别和抢护 [J]. 建筑与预算, 2012 (4)：61 - 62.

[81] 邬晓岚, 涂亚庆. 滑坡监测方法及新进展 [J]. 中国仪器仪表, 2001 (1)：10 - 12.

[82] 吴英男, 段树发, 赵多芳. 堤坝渗透观测方法探讨 [J]. 水利科技与经济, 2002, 8 (2)：83 - 85.

[83] 吴中海, 赵根模. 地震预报现状及相关问题综述 [J]. 地质通报, 2013, 32 (10)：1494 - 1511.

[84] 吴忠恩, 孔斌, 李志安. 基于水利信息平台的信息获取与快速处理技术研究 [J]. 信息通信, 2014 (8)：72 - 73.

[85] 武艳敏. 民国时期社会救灾研究 [D]. 上海：复旦大学, 2006：90 - 96.

[86] 肖贤建, 樊棠怀, 严锡君, 等. 水信息获取与处理技术及发展 [J]. 水利水电科技进展, 2008, 28 (1)：86 - 90.

[87] 谢慧芬. 遥感技术在地质灾害监测和治理中的应用 [J]. 测绘与空间地理信息, 2011 (3)：61 - 63.

[88] 徐安全. 浅谈地质灾害监测技术现状及发展趋势 [J]. 企业技术开发, 2014, 33 (19)：117 - 118.

[89] 徐书涛, 卞华宏. 浅谈水利堤防险情的成因及抢护措施 [J]. 工程管理, 2013 (10)：24 - 25.

[90] 闫志壮. 灾害信息分析的基本过程和方法 [J]. 中国减灾, 2007 (9)：36 - 37.

[91] 晏磊, 吕书强, 赵红颖, 等. 无人机航空遥感系统关键技术研究 [J]. 武汉大学学报（工学版）, 2004, 37 (6)：67 - 70.

［92］ 杨飞，马耀昌. GPS 在水下地形测量中的应用研究 ［J］. 地理空间信息，2006，4
（3）：20 - 22.

［93］ 杨军，李瑞军. 3S 技术在地质灾害监测中的应用 ［J］. 科教前沿，2008（33）：
435 - 436.

［94］ 杨强. 信息技术的发展历程及其未来趋势 ［J］. 魅力中国，2009（71）：120 - 121.

［95］ 杨永毅. 滑坡地质灾害监测技术发展综述 ［J］. 国外建材科技，2008，29（3）：
36 - 38.

［96］ 叶礼伟，谢忠. 地质灾害应急调查系统的设计与实现 ［J］. 地理空间信息，2010，8
（1）：119 - 122.

［97］ 余丰华，夏跃珍，杨克红，等. 移动 GIS 技术在地质灾害数据采集领域的应用研究
［J］. 中国地质灾害与防治学报，2006，7（2）：102 - 106.

［98］ 袁金国，王卫. 多源遥感数据融合应用研究 ［J］. 地球信息科学，2005，7（3）：97 -
103.

［99］ 张返立. 有线传输技术特点分析和发展方向 ［J］. 信息通信，2012（4）：204 - 205.

［100］ 张国民，陈章立. 我国地震前兆和预报的探索 ［J］. 中国地震，1987，3（增刊）：
1 - 11.

［101］ 张翰华. 探析 GIS 在水文水资源领域中的应用 ［J］. 河南水利与南水北调，2014
（21）：55 - 56.

［102］ 张辉，杨天春. 堤坝隐患无损检测研究应用进展 ［J］. 大坝与安全，2013（1）：
29 - 34.

［103］ 张守平，闵志华. 溢洪道的病害处理与日常养护 ［J］. 科技信息，2009（31）：331.

［104］ 张昕. 浅谈自然灾害对输电线路的影响及防范 ［J］. 技术论坛，2008（20）：67.

［105］ 张延忠，翁建财，李志鹏. 建立军警民联合应急医学救援体系的思考 ［J］. 灾害医学
与救援（电子版），2014，3（4）：225 - 227.

［106］ 张艳，徐斌. 基于 PDA 的 3S 集成技术在土地调查中的应用 ［J］. 测绘科学，2009，
34（5）：226 - 228.

［107］ 张忠国，史红波，林磊. 手持电波流速仪在洪水流量测验中的应用与分析 ［J］. 东北
水利水电，2015（3）：38 - 39.

［108］ 赵晶东，许冬梅. 吉林省水文监测及洪水预报综合平台系统研发 ［J］. 水利信息化，
2014（3）：65 - 68.

［109］ 赵书河，高分辨率遥感数据处理方法实验研究 ［J］. 地质前缘，2006，13（3）：
69 - 67.

［110］ 赵阳，程先富. 洪水灾害遥感监测研究综述 ［J］. 四川环境，2012，31（4）：
106 - 109.

［111］ 中国地震局，地震标准汇编 2009 ［M］. 北京：地震出版社，2009：54 - 56.

［112］ 朱代尧，刘小阳. GPS 在灾害监测中的应用综述 ［J］. 防灾科技学院学报，2007，9
（2）：73 - 75.

［113］ 朱建强，欧光华，言鸽，等. 堤防决口机理及其防治 ［J］. 湖北农学院学报，2000
（4）：369 - 373.

［114］ 朱伟，刘汉龙，山村和也. 河川崩岸的发生机制及其治理方法 ［J］. 水利水电科技进
展，2001，21（1）：62 - 65.

［115］ 朱永辉，白征东，过静珺，等. 基于北斗一号的地质灾害自动监测系统［J］. 测绘通报，2010（2）：5－7.

［116］ 庄兴华，武玉清，陈现业. 浅谈防汛抢险的信息保障［J］. 山东水利，2003（10）：8－9.

［117］ 邹声杰，汤井田，朱自强，等. 堤防管涌渗漏实时监测技术研究与应用［J］. 水利水电技术，2005，36（1）：77－79.

［118］ ALLEN C R. Responsibilities in earthquake prediction［J］. Bulletin of the Seismological Society of America，1976，66（6）：2069－2074.